CENTENAIRE

DE LA FONDATION DES

ÉCOLES NATIONALES D'ARTS ET MÉTIERS

8 Août 1880

PARIS

IMPRIMERIE DE A. QUANTIN

7, RUE SAINT-BENOIT

1880

LIVRE D'OR

DE LA FÊTE DU

CENTENAIRE

Gravure extraite du *Monde illustré*)

LIVRE D'OR

DE LA FÊTE DU

CENTENAIRE

DE LA FONDATION DES

ÉCOLES NATIONALES D'ARTS ET MÉTIERS

---

8 Août 1880

PARIS

IMPRIMERIE DE A. QUANTIN

7, RUE SAINT-BENOIT

—

1880

COMMISSION DU CENTENAIRE

MM.

ALBARET, O ✻, ingénieur constructeur. . . . . . . Angers. 1843.

ARBEL, ✻, sénateur, maître de forges, président de la Société des anciens élèves des Écoles nationales d'arts et métiers. Aix. 1846.

ARMENGAUD aîné, ✻, ingénieur civil . . . . Châlons. 1829.

ARMENGAUD (CHARLES), ✠, ingénieur civil, vice-président de la Société des anciens élèves. . . . . Châlons. 1833.

BARBIER (PAUL), ✻, ingénieur constructeur. . . . . . Châlons. 1865.

BASSÈRES, ingénieur civil. . . . . Aix. 1856.

BAZAILLE, inspecteur du matériel et de la traction au chemin de fer de l'Ouest; trésorier de la Société des anciens élèves, et du Centenaire. . . . . Châlons. 1843.

BLONDEL (HENRI), ✻, architecte . . . . Châlons. 1839.

CAHEN (ALBERT), ✠ ✻, ingénieur civil, secrétaire de la Commission. . . . . Châlons. 1866.

DIETZ, ✻ ✠, ingénieur en chef des chemins de fer de la Turquie d'Europe. . . . . Châlons. 1845.

DURENNE aîné, ✻, constructeur de grosse chaudronnerie. Angers. 1838.

DURENNE (ANTOINE), O ✻, maître de forges. . . . . Angers. 1840.

FURNO, ingénieur, inspecteur du service des machines à la Compagnie du chemin de fer d'Orléans. . . . . . Châlons. 1843.

GAILLOT, ingénieur civil . . . . Angers. 1864.

COMMISSION DU CENTENAIRE.

MM.

GUETTIER, ingénieur civil	Châlons.	1835.
LÉON, ✻, ingénieur principal à la Compagnie des chemins de fer de Paris-Lyon-Méditerranée.	Aix.	1846.
LÉTUVÉE, chef d'atelier à la Compagnie des chemins de fer de l'Ouest	Châlons.	1866.
MARTIN (Louis), ✻ ✠, ingénieur au chemin de fer de l'Est, directeur de la ligne de Vincennes, président honoraire de la Société des anciens élèves.	Châlons.	1840.
MIGNON (Java), ✻, ingénieur constructeur, ancien président de la Société des anciens élèves.	Angers.	1843.
MOREL (Désiré), O ✻, mécanicien en chef de la marine nationale, en retraite.	Châlons.	1837.
MONNIER (Louis), ingénieur civil.	Angers.	1863.
POULOT (Denis), ✠, manufacturier, maire du XIe arrondissement de Paris.	Châlons.	1849.
SUC, ingénieur constructeur, vice-président de la Société des anciens élèves.	Angers.	1852.
TROTABAS, ✻, lieutenant de vaisseau, en retraite. . . .	Aix.	1847.
VÉLUT, ingénieur civil, agent de la Société des anciens élèves	Angers.	1855.

LIVRE D'OR

DE LA FÊTE DU

CENTENAIRE

DE LA FONDATION DES

ÉCOLES NATIONALES D'ARTS ET MÉTIERS

8 AOUT 1880

I

AVANT-PROPOS

La première page de ce *Livre d'Or* de notre magnifique fête du Centenaire doit être dédiée à notre vénéré camarade M. Auphan, architecte à Alais (Gard), qui a eu le premier l'heureuse pensée de nous réunir solennellement en 1880 pour fêter le centième anniversaire de la fondation de nos chères Écoles.

M. François Auphan est l'un de nos honorables doyens qui ont toujours conservé un culte précieux pour le Fondateur de nos Écoles, et qui ont su constamment rallier les sympathies les plus pures de tous les camarades, de quelque promotion qu'ils aient fait partie.

Entré à l'École de Beaupréau en février 1815, il a été envoyé à Angers, dès la création de l'École de cette ville, en mai de la même année, et il en est sorti après y avoir accompli le temps exigé à cette époque, c'est-à-dire en octobre 1820. Depuis de longues années, M. Auphan était le correspondant actif de notre Société pour le département du Gard, et ce n'est que tout dernièrement, en 1879, qu'à raison de son âge, et surtout de l'état de sa santé, il a dû remettre ses fonctions entre les mains d'un camarade plus jeune, M. Crouzet.

Dès l'année 1878, au banquet d'anciens élèves qui a eu lieu le 27 janvier, à Marseille, M. Auphan, président de la réunion, avait émis le vœu cordial de voir tous les anciens élèves de nos Écoles se réunir en 1880 pour fêter le Centenaire de leur fondation, et manifester, d'une manière retentissante, les sentiments de haute reconnaissance qui nous ont toujours animés à l'égard du grand philanthrope à qui nous devons tous ce que nous sommes, M. le duc François-Alexandre-Frédéric de La Rochefoucauld-Liancourt.

On trouve, en effet, dans le compte rendu sommaire de ce banquet de Marseille, le passage suivant d'un toast prononcé par M. Auphan :

« Tant en raison de ma qualité de président de notre intéressante réunion qu'à cause des rapports que j'ai eu l'honneur d'avoir avec le promoteur de nos Écoles, M. le duc de La Rochefoucauld, je désire porter un toast à cet homme de bien, qui m'a toujours accueilli de la manière la plus affectueuse, et dont les sages conseils ont été les règles de ma conduite pendant toute ma vie.

« Je n'oublierai jamais les bontés de ce grand esprit toujours disposé à être utile à ses semblables, et à nous surtout qu'il appelait ses braves enfants.

« Quel bonheur, ajoute M. Auphan, n'éprouverait-il pas aujourd'hui, s'il lui était permis de voir les progrès accomplis dans nos Écoles depuis leur fondation !

« Cette École, disait-il souvent en parlant de la première (Châlons), sera un jour la gloire de l'industrie française, et nous pouvons dire avec orgueil qu'il ne s'est point trompé.

« Je vous propose donc, Messieurs, de porter un toast à cet illustre et grand citoyen, au duc de La Rochefoucauld, fondateur des Écoles d'arts et métiers. (Applaudissements prolongés.)

« M. Auphan exprime, en outre, le désir qu'en 1880 les élèves, s'unissant dans un même sentiment de reconnaissance, célèbrent à jour fixe, dans toute l'étendue de la France et même des colonies, le Centenaire de la fondation des Écoles d'arts et métiers. (Triple salve d'applaudissements.)

« On fête, ajoute M. Auphan, le centenaire des beaux-arts. Nous fêterons, nous, le centenaire de l'industrie. (Nouveaux applaudissements.)

« Cette pensée est venue à M. Auphan en lisant le compte rendu de l'inauguration de la statue et diverses notices et biographies dans lesquelles il est dit que le duc de La Rochefoucauld créa une École d'arts et métiers dans sa propriété de Liancourt, École dont il avait donné le modèle *dès 1780.*

« M. Auphan termine en disant qu'il pense que le moyen le plus sûr et le plus rationnel pour atteindre ce but est de prier MM. les membres du Comité de la Société des anciens élèves de prendre à ce sujet une délibération pour annoncer le Centenaire dont il vient de parler, et dire, en même temps, que dans les derniers mois de 1879, on fixera, soit par le *Bulletin* de la Société, soit par des circulaires envoyées à chaque membre correspondant et aux présidents des divers Cercles d'anciens élèves créés en province, le jour et l'heure du banquet. (Applaudissements prolongés.) (M. Auphan est vivement félicité par tous ses camarades.) »

Ce n'est que dix-huit mois environ après avoir manifesté ce désir, c'est-à-dire le 1er juillet 1879, que M. Auphan écrit au Président de notre Société pour inviter le Comité à prendre l'initiative de la réalisation de cette fête du Centenaire à célébrer en 1880.

« Pour ce qui me concerne, dit-il dans cette lettre, je suis de plus en plus convaincu que la pensée qui m'a guidé correspond à l'intérêt moral de la Société et est de nature à étendre les rapports qui existent entre ses membres, à resserrer les liens qui les unissent, et à fortifier l'influence du Comité, en même temps que la confiance dont il est l'objet.

« C'est assez dire qu'il appartient au Comité de prendre l'initiative du Centenaire dont j'ai parlé dans le banquet du 27 janvier 1878, et d'organiser la fête destinée à le célébrer.

« Une grande réunion à Paris, où se trouveraient des délégués de tous les départements, et même des colonies, serait d'un excellent effet.

« Elle serait couronnée par un banquet dans un des grands hôtels de la capitale.

« Quelle impression profonde ne produirait pas la célébration de ce premier Centenaire de la *fondation* des Écoles nationales d'arts et métiers!

« Combien tous les cœurs seraient émus de cet hommage rendu à l'illustre et vénérable de La Rochefoucauld-Liancourt!

« Ce serait un événement mémorable dont les annales de notre Société conserveraient à jamais le souvenir.

« Si le Comité, ainsi que je l'espère, veut prendre ce projet en main, il jugera si l'époque de cette réunion exceptionnelle doit être fixée au mois de septembre 1880, ou bien au printemps de cette même année.

« Une fois la date arrêtée, le Comité userait de tous les moyens de publicité propres à répandre et à vulgariser l'idée du Centenaire et à provoquer un immense mouvement d'adhésion. »

Les camarades qui ont eu le bonheur de pouvoir assister à la fête du 8 août 1880 ont pu voir que le désir de M. Auphan a été comblé au delà de toute expression, et que si notre vénéré camarade peut revendiquer à bon droit l'honneur d'avoir posé le premier jalon, il est non moins juste de reconnaître que le Comité de la Société et la Commission spéciale du Centenaire ont largement rempli leur devoir, et qu'ils ont en cela bien mérité de tous les anciens élèves de nos Écoles.

Cet hommage rendu au promoteur du Centenaire, nous passerons en revue les diverses phases qui ont marqué la période de préparation de cette fête à jamais mémorable.

II

HISTORIQUE DU CENTENAIRE

Dans sa séance du 3 juillet 1879, le Comité de la Société reçut communication de la lettre de M. Auphan, que nous avons reproduite en partie dans notre Avant-Propos.

Après une très courte discussion de principe, une Commission provisoire de trois membres fut nommée pour examiner la proposition et voir s'il y avait lieu de la prendre en considération.

Ces trois membres étaient : MM. Furno, Gaillot et Suc; ils avaient principalement pour mission de rechercher la date exacte de la fondation de la première École d'arts et métiers, afin de bien préciser, par suite, la date qu'il conviendrait d'adopter pour la célébration du centième anniversaire.

Les renseignements les plus circonstanciés furent fournis à cette Commission par notre camarade Auphan, qui avait étudié à fond la question.

Dans une lettre adressée au Comité, vers le commencement de septembre 1879, M. Auphan reproduit quelques extraits d'ouvrages divers qui relatent la date de la fondation de nos Écoles.

Il cite notamment :

Le *Dictionnaire général de biographie et d'histoire*, par MM. Ch. Dezobry et Th. Bachelet, 5e édition, IIe partie, page 1543; dans lequel on lit :

« La Rochefoucauld-Liancourt (François-Alexandre-Frédéric, duc de), né en 1747, mort en 1827, fut grand maître, etc., etc

« A son retour, après le 18 brumaire, il créa dans sa propriété une École d'arts et métiers, *dont il avait donné le modèle dès* 1780, et qui fut transférée successivement à Compiègne et à Châlons-sur-Marne. »

La *Biographie universelle* de Michaud, éditée en 1863, par Arnaud Jay (Bibliothèque nationale), dans laquelle on trouve le paragraphe suivant :

« La Rochefoucauld-Liancourt *créa en* 1780 sur la montagne de Liancourt une École professionnelle qui fut transférée à Compiègne, puis à Châlons-sur-Marne, et devint le germe des Écoles d'arts et métiers. »

L'*Histoire des écoles nationales d'arts et métiers*, par A. Guettier, Lacroix, 1865, Paris, qui reproduit à la page 275 les inscriptions gravées sur le piédestal de la statue du duc de La Rochefoucauld érigée en 1861 à Liancourt :

Droite :

FONDATION DES ÉCOLES D'ARTS ET MÉTIERS.

1780.

M. Auphan fait observer que, dans le même ouvrage, M. A. Guettier donne une autre date, celle de 1788 (page 25), comme marquant l'époque de l'établissement définitif de la ferme de la Montagne ; mais il considère cette date comme le corollaire confirmatif de la date originaire de 1780. « Les divers essais faits entre ces deux dates, dit-il, ayant pleinement réussi, on constate l'organisation complète en 1788. »

L'*Annuaire de la Société des anciens élèves des écoles d'arts et métiers*, 1re année, 2e édition, publiant le procès-verbal de l'Assemblée générale des anciens élèves, tenue à Paris le 17 janvier 1847.

Dans cette séance, M. Flaud, chargé de la lecture du rapport, prononce les paroles suivantes (voir page 6, paragraphes 2 et 3) :

« Les Écoles d'arts et métiers, créées dans le but de fournir à l'industrie française des ouvriers instruits et de bons chefs d'atelier, ont certainement outrepassé leur but. »

« Fondées par l'empereur en 1802, pendant le ministère Chaptal, et sous l'inspiration du duc de La Rochefoucauld, qui, *dès 1780, avait établi dans son château de Liancourt un noyau de cette institution*, les Écoles, etc., etc. »

Indépendamment des renseignements procurés par M. Auphan, la Commission avait en outre reçu :

De M. le duc de La Rochefoucauld, habitant alors son château de Montmirail (Marne), une lettre confirmant la date de 1780 pour la fondation des Écoles d'arts et métiers. Cette lettre se réfère d'ailleurs à l'inscription gravée sur le piédestal de la statue de Liancourt.

De notre camarade Alphonse Barbin (Châlons, 1848) une lettre très explicite, qui reproduit un extrait d'un ouvrage intitulé *Petite Histoire des grands hommes les plus célèbres, dont les vertus et les talents peuvent être offerts en exemple à la jeunesse*, par F. Chatelain. Paris, 1836, Eymery et Cie.

Dans ce recueil, en regard du nom de François-Alexandre Frédéric, duc de La Rochefoucauld-Liancourt, né le 11 janvier 1747, on trouve le passage suivant :

« Revêtu dès sa jeunesse d'une des premières charges de la Cour, il fut attaché à la personne de Louis XV comme grand maître de sa garde-robe, et remplit encore les mêmes fonctions auprès de Louis XVI. Sa fidélité envers ce dernier monarque est au-dessus de tout éloge. Forcé de chercher un asile sur la terre étrangère, après la mort de Louis XVI, il ne fut pas de ceux qui portèrent leurs armes parricides contre la mère patrie; il parcourut l'Angleterre, la Hollande et les États-Unis, avide d'étudier les institutions humanitaires qu'un jour il conservait l'espoir d'implanter en France. Ce jour arriva, et la révolution du 18 brumaire lui rouvrit les portes de France.

« *Dès* 1780, *le duc de La Rochefoucauld-Liancourt avait fondé dans sa propriété de Liancourt le noyau de cette célèbre École des arts et métiers*, depuis transférée successivement à Compiègne et à Châlons, avec une succursale à Angers, puis enfin à Toulouse (*sic*), et qui fut si florissante sous sa direction.

« Rentré en possession de cette portion de ses biens, il y reprit avec activité ses établissements de manufactures, qui occupèrent bientôt tous les indigents du pays. En 1825, ils avaient presque doublé la population. »

D'autre part, enfin, dans une *Notice* sur la vie et la statue du duc de La Rochefoucauld-Liancourt, par Henri Dottin, Clermont, 1861, on trouve, page 12 :

« L'illustration de sa famille, et la position élevée de son père, l'appelaient à briller à la Cour de Louis XV; mais le besoin de s'instruire et l'application de son intelligence aux choses sérieuses ne tardèrent pas à l'en éloigner. A l'âge de vingt et un ans, il se rendit en Angleterre, où il voulut tout voir, tout étudier. De retour en France, il s'attacha à sa terre de Liancourt, et y établit une ferme modèle. Là il fit l'application des bonnes méthodes qu'il avait observées dans ses voyages : il propagea la culture des prairies artificielles et celle des *turneps* pour la nourriture des bestiaux pendant l'hiver.

« *Il fonda en outre, dès* 1780, *un établissement dont l'idée heureuse fut plus tard adoptée par le gouvernement : nous voulons dire l'École des arts et métiers.* »

Comme on le voit, le doute n'était plus possible, c'est bien en 1780 que fut créée la première École professionnelle qui devint en 1788 l'*École de la Montagne;* en 1799, l'École de Compiègne, et enfin, en 1806, l'École de Châlons.

Dans ces conditions, le Comité de la Société n'hésita pas à

adopter cette date de 1780 comme étant réellement celle de la fondation de nos Écoles, et fixa par conséquent à l'année 1880 l'époque de la célébration du Centenaire. (Séance extraordinaire du Comité, du 11 septembre 1879).

L'Assemblée générale du 14 septembre confirma pleinement cette décision ; l'extrait suivant du procès-verbal de cette assemblée en témoigne de la façon la plus complète :

« M. LE PRÉSIDENT appelle l'attention de l'Assemblée sur l'idée émise par M. Auphan de célébrer le Centenaire de la fondation de nos Écoles. Le Comité, dit-il, s'est enquis de la date précise de cette fondation, et il a acquis la certitude qu'elle remonte bien à 1780 ; il reste donc à décider ce que nous ferons pour ce Centenaire, et si personne n'y met d'opposition, le Comité de notre Société sera chargé de l'étude de cette question. »

« M. LOILIER expose que M. Auphan est tellement désireux de connaître la décision de l'Assemblée, qu'il lui a adressé ce matin une lettre dont il donne lecture. Il propose de lui faire parvenir une dépêche pour l'informer que l'Assemblée fixe à l'année prochaine la date du Centenaire. *Cette proposition est adoptée.* »

« M. BESNARD demande que le comité ait pour mission d'organiser une fête pour le Centenaire. »

« M. LE PRÉSIDENT répond que nous avons des exemples que nous pourrons suivre, mais qu'il est utile de bien préciser ce que nous ferons. On pourrait, par exemple, faire un grand banquet et supprimer celui de février. »

« M. TRILLEAU croit qu'il est préférable de faire un banquet spécial si on le désire, mais de ne pas supprimer celui de février. Il propose de laisser le Comité juge de cette question. »

« M. SCHREUDER dit que M. le duc de La Rochefoucauld, dans sa haute sagesse et dans un sentiment de charité, avait fondé dans son château de Liancourt une institution différant essentiellement de nos Écoles d'arts et métiers, et que la première de ces Écoles a été en réalité créée à Compiègne. Néanmoins, il accepte de faire remonter cette fondation à 1780 pour nous mettre dans l'obligation de parler de M. le duc de La Rochefoucauld-Liancourt, dont nous ne pouvons que faire l'éloge. »

« M. le Président répond que l'institution créée par M. le duc de La Rochefoucauld a évidemment été le point de départ de l'École de Compiègne et que c'est à elle que nous devons faire remonter la création de nos Écoles.

« Il explique que, contrairement aux fils de grandes familles de son époque, le duc de La Rochefoucauld a consacré toute sa jeunesse à des voyages en Angleterre, en Amérique, et qu'à son retour en France, il a voulu mettre en pratique les idées économiques qu'il avait recueillies à l'étranger, en fondant en 1780 l'institution de Liancourt; c'est donc à cette année que nous pouvons faire remonter notre origine.

« Il termine en demandant à tous nos camarades d'apporter leurs idées au Comité qui est chargé de présenter, à la prochaine Assemblée générale, les propositions relatives à la célébration du Centenaire. »

A la première séance du Comité qui suivit cette Assemblée générale, c'est-à-dire le 18 septembre 1879, sur la proposition de M. A. Girard, MM. Paul Barbier, Albert Cahen, Létuvée, et Louis Monnier, furent nommés membres de la Commission chargée d'étudier l'organisation de la fête du Centenaire de nos Écoles, Commission dont continuèrent également à faire partie les trois membres de la première Commission provisoire : MM. Furno, Gaillot et Suc.

Cette Commission de sept membres tint séance le 4 octobre 1879, et sur la proposition de M. Cahen, en vertu du mandat qu'elle avait de s'adjoindre tels camarades, sociétaires ou non, qu'elle jugerait à propos, elle décida de nommer membres de la Commission du Centenaire : MM. Albaret, Dietz, L. Martin, Mignon, Morel (Désiré), et Poulot.

En agissant ainsi, la Commission avait en vue de réunir le plus d'éléments possible en faveur de la grande solennité à donner à notre Centenaire; en appelant à elle nos camarades les plus influents, elle voulait donner au plus vite le premier élan à la grande manifestation qui allait se préparer.

A partir de ce moment, les séances de la Commission se succédèrent avec une grande régularité, et nous ne saurions mieux faire, pour rendre un compte exact de la marche de ses travaux, que de reproduire les procès-verbaux de ces séances.

PROCÈS-VERBAL

DE LA SÉANCE DU 17 OCTOBRE 1879.

Présidence de M. FURNO, vice-président de la la Société; M. CAHEN, secrétaire.

La séance est ouverte à 8 heures 1/2.

Présents : MM. Albaret, Cahen, Dietz, Furno, Létuvée, Monnier (Louis), et Morel (Désiré).

MM. Martin et Mignon s'excusent de ne pouvoir assister à la séance.

M. LE PRÉSIDENT fait l'historique de la question du Centenaire, pour laquelle la Commission est réunie; il explique que l'initiative de cette question est due à notre camarade M. Auphan, d'Alais (Gard), qui en a soumis l'idée première au Comité par une lettre qu'il a adressée quelques semaines avant la dernière Assemblée générale de septembre 1879.

Le Comité, et, après lui, l'Assemblée générale, ont pris la proposition de M. Auphan en considération, et décidé, en conséquence, qu'il y avait lieu de fêter en 1880 le centième anniversaire de la fondation de nos Écoles d'arts et métiers.

Cette décision a été prise après vérification de la date exacte de cette fondation, due, comme on le sait, à M. le duc François-Alexandre-Frédéric de La Rochefoucauld-Liancourt, qui établit à ses frais, en 1780, une première école professionnelle, dans sa ferme de Liancourt (Oise).

C'est cette École qui devint par la suite l'École de la Montagne, puis l'École de Compiègne, transportée plus tard à Châlons-sur-Marne.

Les renseignements pris, à l'égard de cette date, auprès de la famille de La Rochefoucauld, ne laissent aucun doute sur ce point, que vient d'ailleurs confirmer l'inscription, de l'année 1780, sur le piédestal de la statue érigée, à Liancourt, au duc de La Rochefoucauld, inscription qui se trouve afférente à la mention « Fondation des Écoles d'arts et métiers », également gravée dans le socle de la statue.

M. le Président expose ensuite que la première Commission provisoire de trois membres, qui avait été nommée pour la prise en considération de la proposition de M. Auphan, pensait que le meilleur moment de l'année pour la célébration du Centenaire serait le mois de mai. Les raisons en sont toutes morales; l'entrée du printemps, la distance à peu près égale entre nos deux Assemblées générales de février et septembre; telles sont les principales considérations qui avaient amené la Commission primitive à proposer le mois de mai.

Quant au programme de la fête, diverses idées ayant été mises en avant, c'est à la Commission actuelle qu'il appartient maintenant de proposer et de décider un plan général de la fête à soumettre au Comité.

M. Cahen explique à la Commission nouvelle les diverses phases par lesquelles a passé la question du Centenaire jusqu'à l'heure actuelle; sans reprendre ce qui en a déjà été dit, il tenait à faire comprendre aux nouveaux membres de la Commission quels sont les motifs qui ont décidé la Commission primitive à faire un appel aux membres influents de notre Société, à l'effet de donner le plus grand éclat à notre fête du Centenaire.

C'est ainsi que la Commission nommée par le Comité, et qui se composait de MM. Barbier, Cahen, Furno, Gaillot, Létuvée, Monnier (Louis) et Suc, a prié de s'adjoindre à elle, comme membres de la Commission du Centenaire, et aux termes du mandat général qu'elle avait reçu du Comité : MM. Albaret, Dietz, Martin, Mignon, Morel (Désiré) et Poulot.

L'orateur est heureux de voir que l'appel de la Commission a été entendu, et il en manifeste toute sa gratitude aux nouveaux membres.

Ce n'est qu'à la condition de pouvoir compter sur le dévouement de tous, ce n'est qu'avec le concours et la direction de tous ceux de nos camarades qui ont su s'élever aux plus hautes positions, que nous arriverons à donner à notre Centenaire, sinon un très grand luxe qui pourrait paraître déplacé, au moins un retentissement universel. Nous rappellerons ainsi à tous les anciens élèves, dans le monde entier, que notre chère Société est toujours là, en sentinelle vigilante pour le bien de tous; nous cimenterons les liens de camaraderie qui nous unissent et nous redonnerons une force nouvelle à l'institution générale des Écoles nationales d'arts et métiers.

M. Dietz rappelle en quelques mots les circonstances qui ont précédé la fondation des Écoles, en 1780. Il ne trouve pas suffisants les motifs qui ont amené l'ancienne Commission à proposer la date du mois de mai 1880 pour la célébration de notre Centenaire. Le mois d'août serait, pense-t-il, bien préférable, attendu qu'à raison des vacances scolaires, tous les professeurs des Écoles, tous les élèves, pourraient venir librement à Paris pour y prendre leur part. M. Dietz insiste, de son côté, pour que l'on ne craigne pas d'appeler tous nos camarades, anciens ou nouveaux, à la participation de cette fête de famille. Il faut que notre Centenaire soit la plus grande manifestation de la camaraderie indissoluble qui nous unit.

M. Albaret est de l'avis de M. Dietz en ce qui concerne la date à adopter pour le Centenaire. Le mois d'août est, pour lui, le meilleur moment, attendu que les concours agricoles ont tous lieu d'avril à juillet, et que tous les camarades qui s'occupent de machines agricoles ne pourraient y assister.

M. Loilier parle également en faveur du mois d'août; c'est le moment de la sortie de l'École, tout le monde sera parfaitement disposé pour le Centenaire.

M. Dietz propose de décider dès aujourd'hui que le Centenaire aura lieu au commencement d'août prochain.

Personne ne fournissant d'arguments contraires à cette proposition, la Commission, consultée, adopte le commencement d'août.

M. Loilier pense que la Commission, telle qu'elle est actuellement composée, n'est pas encore assez nombreuse; il propose d'adjoindre un certain nombre de membres jeunes.

Après un échange d'observations entre divers membres, cette proposition n'est pas acceptée; la Commission est d'avis qu'il faut d'abord élaborer un programme que le Comité examinera; ce sera seulement pour l'exécution du programme adopté que la Commission pourra alors s'adjoindre utilement des membres jeunes et actifs.

M. Cahen développe un avant-programme qu'il a déjà soumis à la dernière séance de l'ancienne Commission, et qu'il croit utile de communiquer aux membres nouveaux pour appeler leurs idées.

La fête du Centenaire, destinée à célébrer la fondation des Écoles nationales d'arts et métiers, ne saurait avoir lieu sans qu'un hommage public soit rendu, d'une façon éclatante, à la mémoire de leur fondateur, au duc de La Rochefoucauld-Liancourt.

Il y aura donc lieu, à côté de la solennité que nous préparons pour Paris, d'organiser une fête à Liancourt, une sorte de manifestation auprès de la statue du célèbre philanthrope, en même temps qu'à la ferme qui a abrité les premiers élèves des arts et métiers.

C'est surtout M. Albaret, notre honorable et cher camarade, qui nous guidera dans tout ce que nous chercherons à faire à Liancourt.

Quant à la fête à donner à Paris, elle consistera vraisemblablement en un grand banquet, suivi d'une soirée artistique dont le programme sera à établir.

Les invitations à lancer en dehors des anciens élèves devront comprendre :

M. le ministre de l'agriculture et du commerce,

M. le sous-secrétaire d'État,

M. le directeur du commerce intérieur,

M. le chef du bureau des Écoles, au Ministère,

MM. les membres du Conseil supérieur de l'enseignement technique,

M. le directeur du Conservatoire des arts et métiers,

M. le sous-directeur du même établissement national.

Quant aux anciens élèves, ils devront tous être souscripteurs, à des degrés divers, et en tout cas nous devons placer en tête de notre liste d'invités :

MM. les directeurs des trois Écoles, les professeurs, chefs, et sous-chefs d'atelier, et les élèves actuels des trois Écoles.

Quelques représentants de la presse devront aussi figurer à notre fête.

On devra, dans un autre ordre d'idées, faire frapper une médaille commémorative, qui sera distribuée à tous les souscripteurs.

La nouvelle édition du remarquable ouvrage de notre camarade M. Guettier présentera également un intérêt particulier à l'occasion du Centenaire; le frontispice de cette édition devra faire mention, sous une forme à déterminer, de cette solennité.

En ce qui concerne la partie financière du projet, on sera certainement amené à établir trois catégories de souscriptions :

1° La souscription uniforme, pour tout ancien élève qui voudra assister au banquet et à la soirée.

2° Une souscription supplémentaire et volontaire, que chacun, après avoir souscrit au banquet, pourra donner selon sa position de fortune, à l'effet de rehausser autant que possible l'éclat de la fête;

3° Enfin une autre souscription facultative, aussi minime qu'elle puisse être, que chaque ancien élève, ne pouvant assister à la fête pour une raison quelconque, sera admis à offrir, dans un but généreux de participation à la grande fête de nos Écoles.

Tous les souscripteurs recevront la médaille commémorative; leurs noms et le montant de leur souscription pourront être insérés dans le *Bulletin* de notre Société ou dans le compte rendu spécial du Centenaire.

C'est ainsi, pensons-nous, et seulement ainsi, que nous arriverons à réunir toutes les forces vives de la grande famille des anciens élèves.

Quant aux moyens de porter ces données à la connaissance de tous les intéressés, c'est une affaire de pure administration qui ne souffrira pas de difficultés. Des circulaires seront lancées à tous les sociétaires, d'autres seront spécialement adressées à nos membres correspondants, qui devront faire tous leurs efforts pour réunir les adhésions et les souscriptions de tous les anciens élèves de leur région, sociétaires ou non.

Des avis pourront être, en outre, insérés dans les journaux les plus répandus, et l'on pourra maintenir en permanence dans nos *Bulletins*, jusqu'à l'époque du Centenaire, une partie groupée sous la rubrique *Fête du Centenaire des Écoles d'arts et métiers*, dans laquelle on publiera tout ce qui est relatif à cette solennité.

M. Dietz pense que nous devrions donner une soirée artistique et dansante, à laquelle tous les camarades seraient admis à convier leurs dames et demoiselles. Il voit dans cette mesure le moyen de sortir du caractère général de tous nos banquets, et de donner à la fête un aspect de gaieté que l'on chercherait en vain si l'on décide l'élimination de l'élément féminin.

M. Furno ne partage pas l'opinion de M. Dietz.

M. Monnier, revenant sur la question de la date à adopter pour le Centenaire, craint qu'au mois d'août, les élèves actuels des Écoles, étant en vacances dans leurs familles, ne se dérangent pas volontiers pour venir à Paris, où ils seront livrés à eux-mêmes. Il préférerait une date précédant la fin de l'année scolaire, pour être certain de voir venir au Centenaire des délégations officielles d'élèves, conduites par leurs professeurs avec l'autorisation du Ministère.

M. Dietz maintient le mois d'août précédemment adopté ; il aime mieux voir les élèves venir de leur plein gré, sans commandement, en toute liberté, plutôt que de leur imposer une sorte de corvée réglementée qui dénaturerait tout le caractère de la fête.

La date du mois d'août est maintenue.

M. Albaret tient à assurer la Commission de toute sa bonne volonté personnelle, et de tout le désir qu'il éprouve de voir donner à notre Centenaire la plus grande solennité. Il faut faire appel à tous et grouper encore dans la Commission quelques-uns de nos camarades occupant de hautes positions, qui seront, certainement, heureux comme lui de contribuer à l'élaboration et à l'exécution du programme de la fête. Il propose d'adjoindre à la Commission MM. Durenne (Antoine), Durenne aîné et M. Léon, ingénieur du chemin de fer de Lyon, membre du conseil supérieur de l'enseignement technique.

M. Morel propose l'adjonction de notre camarade M. Blondel, architecte de l'hôtel Continental, auprès de qui il offre de faire une démarche.

M. Cahen pense que notre devoir est aussi de nous adjoindre M. Armengaud aîné et M. Armengaud jeune.

M. Dietz complète la liste de propositions par les noms de MM. Édouard Hunebelle, Jules Hunebelle et Guettier.

La Commission décide que tous ces Messieurs seront invités à accepter les fonctions de membres de la Commission de la fête du Centenaire.

M. le Président propose de ménager à notre fête un certain côté scientifique analogue à ce qui a été tenté pour le cinquantenaire de l'École centrale. Après un échange d'observations entre divers membres, cette motion n'est pas prise en considération.

M. Lollier demande ce qui pourra être adopté pour les discours à prononcer.

La Commission arrête que le programme général de la fête comprendra les discours, et que par conséquent chaque orateur devra s'être fait inscrire, et avoir fait connaître à la Commission, sinon le texte de son discours, du moins le sujet qu'il se propose de traiter.

M. Monnier demande ce que l'on pourra faire de l'argent disponible, si le montant total des souscriptions n'est pas dépensé.

M. Cahen pense qu'en pareil cas nous ne pourrons mieux faire que de perpétuer la mémoire de nos Écoles par une œuvre de charité, une fondation quelconque à déterminer.

M. Albaret propose de placer à Liancourt, sur la ferme même qui a été la première École d'arts et métiers, une plaque commémorative de la fête du Centenaire. Le libellé de cette plaque serait à arrêter ultérieurement. M. Albaret, qui habite Liancourt, avait déjà eu la pensée de placer lui-même une plaque de ce genre sur cette ferme. Mais il croit qu'à l'occasion du Centenaire, l'apposition de cette plaque s'impose en première ligne sur notre programme.

M. Dietz émet le désir de voir la Commission faire part de ses idées sur le Centenaire à notre camarade M. Blanc, de Nancy, qui est directeur-propriétaire du *Courrier de Meurthe-et-Moselle*. Il est certain que nous trouverons en lui un puissant auxiliaire pour toute la région de l'Est.

M. le Président résume les diverses résolutions prises, et la Commission les confirme dans leur ensemble.

Il est en outre décidé que le procès-verbal de la présente séance sera tiré au multiplexe, et adressé à tous les membres anciens et nouveaux de la Commission, avant la prochaine séance.

La séance est levée à 10 heures 3/4.

Le secrétaire : Albert Cahen.

PROCÈS-VERBAL

DE LA SÉANCE DU 24 OCTOBRE 1879.

Présidence de M. Albaret, membre de la Commission; M. Cahen, secrétaire.

La séance est ouverte à 8 heures 1/2.

Présents : MM. Albaret, Armengaud jeune, Barbier, Cahen, Dietz, Guettier, Léon, Martin, Mignon, Monnier (Louis), Morel (Désiré) et Suc.

Le Secrétaire donne lecture du procès-verbal de la séance précédente, du 17 octobre courant, qui est adopté après observations de MM. Armengaud jeune, Barbier et Monnier.

MM. Armengaud aîné, Durenne aîné, et Poulot, s'excusent par lettre de ne pouvoir assister à la séance; ces Messieurs s'associent de grand cœur à l'œuvre du Centenaire, ils espèrent pouvoir venir à la prochaine séance.

MM. Jules et Édouard Hunebelle adressent tous leurs regrets de ne pouvoir accepter de faire partie de la Commission du Centenaire, en raison de leurs absences fréquentes de Paris.

M. Évrard, libraire à Liancourt, informe la Commission qu'il lui reste en magasin environ 160 gravures représentant la statue du duc de La Rochefoucauld-Liancourt, et qu'il les tient à notre disposition, à l'occasion du Centenaire, au prix de 0 fr. 50 c. l'exemplaire.

M. le Président communique à la Commission le résultat des diverses démarches qu'il a faites auprès des autorités municipales de Liancourt; il tient à constater que tout le monde s'est montré très favorable à notre projet de Centenaire; nous pouvons donc être certains de recevoir à Liancourt l'accueil le plus sympathique. M. le maire, les adjoints, les conseillers municipaux, sont tout disposés à concourir avec nous pour donner à la fête toute la solennité qu'elle comporte.

La musique de la ville se mettra à la disposition des organisateurs de cette manifestation ; nous pouvons également compter sur la fanfare des ateliers de M. Albaret, qui sera accompagnée certainement de tous les ouvriers.

Un point sur lequel M. Albaret tient à appeler l'attention de la Commission, c'est l'emploi du temps dans la journée à Liancourt.

Il faudra absolument que l'on parte de Paris, le matin, de très bonne heure pour être rentré dans le courant de l'après-midi et se préparer au banquet du soir ; or il ne faut pas se dissimuler que le temps sera forcément très court, si l'on veut se rendre au tombeau du fondateur de nos Écoles, devant sa statue, et à la ferme qui est distante de Liancourt d'environ 1 kilomètre et demi.

M. Barbier considère qu'il est, en tout cas, indispensable de tout faire dans la même journée si nous voulons compter sur une assistance nombreuse. On pourra, par exemple, obtenir de la Compagnie du chemin de fer du Nord deux trains spéciaux, et partir de Paris à 11 heures du matin pour être de retour vers 4 heures de l'après-midi.

M. le Président maintient l'absolue nécessité de partir de très bonne heure.

M. Barbier appelle l'attention de la Commission sur l'obligation de déjeuner à Liancourt.

M. Martin pense que la discussion s'égare, ou, en tout cas, qu'elle s'engage dans une mauvaise voie ; toutes les questions auxquelles on fait allusion sont des détails qui ne trouveront leur place qu'après qu'on aura vidé la question de fonds. Faisons d'abord l'évaluation de ce que nous aurons à dépenser, et voyons immédiatement quels seront les moyens les meilleurs à employer pour obtenir les ressources nécessaires. Quelles seront ces ressources ?

M. Léon est entièrement de l'avis de M. Martin, le programme est, pour le moment, suffisamment ébauché, il est même très bien disposé, il faut tout d'abord s'occuper de la partie financière.

M. Guettier pense qu'il est nécessaire de donner une grande solennité à notre fête du Centenaire ; il faut appeler l'attention publique sur cette manifestation, et affirmer hautement et dignement les forces vives de la grande famille des anciens élèves. Il approuve absolument le voyage à Liancourt, c'est une sorte de pèlerinage qui en vaut bien d'autres, tout en ayant un autre caractère. Quant à l'idée d'un bal, il est d'avis qu'il faut l'écarter à raison des frais de toilette que les dames sont toujours obligées de s'imposer. Nous voulons faire une fête dans l'esprit libéral de nos Écoles, il faut donc que tout le monde puisse y venir sans être froissé par un sentiment d'inégalité qui produirait le plus mauvais effet. Nous aurons des invités illustres à recevoir, la tenue devra donc présenter un certain cachet de luxe et d'austérité que ne comporterait pas un bal, dans les conditions où nous pourrions le faire.

M. Martin, parlant du cinquantenaire de l'École centrale, auquel il a assisté, rappelle, comme terme de comparaison, que cette fête a coûté environ 34.000 francs

M. Albaret est très confiant dans la générosité de ceux de nos camarades qui sont dans une position aisée il informe les nouveaux membres de la Commission que M. Dietz s'est déjà fait inscrire pour 1.000 francs, bien que, sur la demande de l'intéressé, cette mention ne figure pas encore au procès-verbal de la dernière séance.

2

M. Léon a lui-même la plus grande confiance dans le résultat des efforts de la Commission; il faut faire un chaleureux appel à tous les anciens élèves, sociétaires ou non, et tout le monde viendra à nous. Lui-même, dit-il, est en quelque sorte une preuve anticipée de ce fait, puisqu'il était pour ainsi dire un déserteur de la Société, et qu'au premier appel de la Commission il est venu immédiatement se ranger sous le drapeau de nos Écoles pour contribuer de toutes ses forces à l'organisation de notre fête. Plus que jamais nos Écoles sont attaquées, il faut affirmer leur force, et pour cela on peut compter sur les efforts, pécuniaires et autres, de tous les anciens Élèves.

M. Mignon est entièrement de l'avis de nos camarades dans tout ce qu'ils viennent de dire, mais il n'en est pas moins vrai que la première chose à faire, dit-il, c'est de se procurer des ressources. Ayons d'abord les fonds, le dispositif de la fête viendra ensuite. D'ailleurs, le programme tel qu'il est déjà préparé est amplement suffisant quant à présent.

M. Martin ne peut qu'appuyer les paroles de M. Mignon, il en revient donc à ce qu'il a dit au début de la séance.

M. Dietz est du même avis, néanmoins il pense que la carte à payer et le programme de la fête étant solidaires l'un de l'autre, il faut bien jeter tout de suite les grandes lignes de notre Centenaire pour faire ensuite un aperçu financier.

M. Guettier demande si, dès maintenant, on ne pourrait pas dresser une sorte de devis; un programme avec le prix en regard de chaque article.

M. le Président rappelle, à ce sujet, qu'au sortir de la dernière séance on était en quelque sorte convenu que chacun des membres dresserait personnellement un programme tel qu'il l'entendrait, et qu'à la séance suivante on aurait ainsi des idées sur lesquelles on pourrait discuter de façon à arriver à l'uniformité et par suite à un programme général définitif. Dans tous les cas, dès à présent, M. Albaret tient à bien faire constater la nécessité d'aller de très bon matin à Liancourt, si l'on veut être prêt pour le banquet. Il faut une heure et demie pour aller, autant pour revenir, ce qui fait déjà trois heures entièrement prises en voyage, sans compter les promenades forcées à Liancourt, de la tombe à la statue, et à la ferme. On devra certainement faire un déjeuner frugal à Liancourt, ce qui entrera aussi en ligne de compte pour le total des frais.

M. Léon insiste sur l'obligation de faire toute la fête en une seule journée, et il trouve le programme bien suffisamment élaboré.

M. Monnier considère qu'il n'y aura, de toute façon, que les artistes et les musiciens de la soirée qui pourront nous coûter cher, mais que les autres frais étant proportionnels au nombre des assistants, et chacun payant sa cote part, il n'y a pas à s'en préoccuper, pourvu que l'on sache avant la fête, dans un délai suffisant, le nombre exact des souscripteurs.

M. Cahen croit devoir faire observer qu'en tout cas, dès que l'on s'adressera aux camarades pour faire appel à leur générosité, il faudra absolument leur donner au moins une idée de ce que nous voulons faire à l'occasion du Centenaire, leur soumettre une ébauche de programme.

M. Mignon estime qu'il nous faudra au moins compter sur une dépense de 60,000 francs si nous réunissons mille camarades au Centenaire. Il faut admettre un taux minimum uniforme, de 60 francs par tête : 7 fr. 50 pour aller et retour à Liancourt, 7 fr. 50 pour le déjeuner, et 30 francs de banquet, sans compter les frais de la soirée artistique pour lesquels il reste alors 15 francs par tête. Si ce chiffre n'est pas suffisant, c'est alors que les souscriptions volontaires feront le surplus. Il faut surtout que l'argent soit versé d'avance, et par exemple, on pourrait prendre comme délai le 1er janvier prochain.

M. Armengaud jeune trouve le chiffre de 60 francs par tête trop élevé; il faut que tous nos camarades, anciens ou jeunes, puissent venir à la fête, et la somme de 60 francs, si elle était arrêtée dès à présent, serait de nature à faire reculer beaucoup d'anciens élèves pour lesquels ce chiffre pourrait paraître un peu lourd.

M. Barbier est du même avis ; la cotisation doit être plus faible.

M. Guettier reconnaît que les bases sur lesquelles se fonde M. Mignon sont bonnes, mais que le total est trop élevé.

M. Léon exprime la même opinion ; il faut abaisser le chiffre.

M. Albaret *informe la Commission qu'il souscrit dès à présent pour 1,000 fr.*

M. Dietz pense aussi que le chiffre de 60 francs est trop fort pour bien des camarades, et qu'il faut, dès maintenant, chercher le moyen de l'abaisser.

M. Mignon propose d'admettre d'abord le chiffre de 60 francs et de faire sur cette base un premier appel aux camarades; il sera temps ensuite d'abaisser la cotisation à 30 francs, par exemple, pour faire un nouvel appel, et ainsi de suite ; assurons d'abord les premières ressources.

M. Barbier ne partage pas cette manière de voir; ce serait faire des catégories différentes de souscripteurs, ce qui produirait un mauvais effet. On pourrait plutôt fixer à 60 francs la double cotisation pour assister à la fête de Liancourt et à celle de Paris, et à 30 francs seulement la cotisation simple pour le banquet et la soirée à Paris. On éviterait ainsi des classifications blessantes pour un grand nombre de nos jeunes camarades.

M. Mignon répond que si l'on se place à ce point de vue il ne faut pas non plus accepter les souscriptions volontaires qui pourraient dès lors être considérées comme des cadeaux.

Après une discussion à laquelle prennent part MM. Monnier, Guettier, Albaret, Léon et Dietz, la Commission est consultée sur la forme à adopter de préférence pour la souscription. Fera-t-on une souscription unique comprenant à la fois la fête de Liancourt et celle de Paris, ou bien séparera-t-on les deux parties du Centenaire pour former deux souscriptions distinctes?

Six voix se prononcent d'abord en faveur de la cotisation unique, et quatre pour la cotisation dédoublée; mais immédiatement M. Armengaud jeune expliquant son vote, et M. Léon faisant une contre-proposition remplaçant la première, la question reste entière.

M. Léon, d'accord avec M. Guettier et M. Dietz, propose de faire d'abord une circulaire pressante qui fasse appel à tous les anciens élèves pour provoquer immédiatement les souscriptions volontaires. C'est seulement après que ces souscriptions auront donné tout ce que l'on est en droit d'en attendre que l'on pourra efficacement décider ce qui est relatif à la souscription obligatoire pour les anciens élèves assistant au Centenaire.

M. Mignon n'a aucune confiance dans le résultat de cet appel aux souscriptions volontaires.

M. Morel exprime l'opinion contraire; il compte sur un grand nombre de souscripteurs.

La proposition de M. Léon est mise aux voix et adoptée à la presque unanimité de la Commission.

M. Cahen estime que le résultat de la circulaire à adresser aux camarades dépend beaucoup des termes dans lesquels elle sera conçue; il y aura donc lieu d'arrêter ces termes au sein même de la Commission, et lorsqu'elle sera envoyée à tous les anciens élèves, elle devra être revêtue de la signature de chacun des membres de la Commission.

Les noms de la plupart des membres qui ont bien voulu accepter de présider à notre fête du Centenaire sont en effet de nature à appeler, par leur seul prestige, la totalité des anciens élèves de nos Écoles.

M. Martin propose de charger M. Cahen de la rédaction provisoire de cette circulaire. On en tirera des épreuves au multiplexe, et on les enverra à chacun des membres de la Commission avant la séance prochaine. — Adopté.

M. Albaret consulte la Commission sur la date de la prochaine séance, qui est alors fixée au vendredi 31 octobre.

La séance est levée à 10 heures 1/4.

Le secrétaire : Albert Cahen.

PROCÈS-VERBAL

DE LA SÉANCE DU 31 OCTOBRE 1879.

Présidence de M. Furno, vice-président de la Société; M. Cahen, secrétaire.

La séance est ouverte à 8 heures 1/2.

Présents : MM. Armengaud aîné, Armengaud jeune, Cahen, Dietz, Furno, Gaillot, Guettier, Léon, Létuvée, Mignon, Monnier (Louis), Morel (Désiré) et Suc.

Le Secrétaire donne lecture du procès-verbal de la séance du 24 octobre, qui est adopté sans observation.

MM. Albaret, Barbier, Durenne (Antoine) et Martin s'excusent de ne pouvoir assister à la séance.

Dans sa lettre d'excuses, M. Durenne adresse tous ses remerciements aux membres de la Commission du Centenaire; il donne son adhésion la plus complète, et accuse réception des premiers procès-verbaux.

M. Martin écrit également qu'il approuve dans son ensemble le projet de circulaire qui lui a été soumis; il désirerait toutefois que l'on mentionnât à la fin de cette circulaire la médaille commémorative que la Commission se propose de distribuer à chacun des membres donataires ou souscripteurs.

M. Le Président rappelle à la Commission que le but principal de la réunion de ce soir est d'examiner le projet de circulaire qui a été adressé à chacun des membres, et d'arrêter définitivement les termes de ce premier appel aux camarades.

M. Morel insiste par avance sur la nécessité de décider dès-à présent que la cotisation uniforme sera minime, pour permettre à tous nos jeunes camarades de prendre part à notre fête.

M. Léon estime que la forme de la souscription volontaire doit donner satisfaction à ce désir; on donnera ce que l'on voudra, aussi peu que l'on voudra; par conséquent il n'y a donc pas lieu de poser, *a priori*, un chiffre quelconque qui ne pourrait qu'avoir un effet restrictif.

M. Guettier rappelle que la Commission du cinquantenaire de l'École centrale avait adopté deux genres de souscriptions : une somme fixe, uniforme de 15 francs était versée par chaque adhérent, n'assistant pas à la fête; et une autre somme de 60 francs formait la cotisation de ceux qui y assistaient. Chez nous, l'inverse a été préconisé, et cela lui semble beaucoup plus rationnel.

M. Monnier propose de fixer un minimum de 5 francs pour la cotisation volontaire, en annonçant dores et déjà dans la circulaire que tout souscripteur recevra une médaille commémorative du Centenaire.

M. Léon fait observer à notre camarade que la Commission n'a nullement décidé qu'une médaille serait frappée, ni, par suite, que cette médaille serait distribuée aux donataires; la Commission a accueilli favorablement cette idée, mais elle n'a pu rien arrêter.

M. Armengaud jeune partage l'opinion de M. Léon; d'ailleurs la médaille pourra être payée à part, en dehors de toute souscription.

M. Cahen pense qu'il ne serait pas pratique de fixer d'avance un minimum de 5 francs pour les donations volontaires; ce serait éveiller l'attention sur ce chiffre, et amener beaucoup de souscripteurs à l'adopter, qui, sans cela, auraient donné 10, 15 francs ou même plus.

M. Mignon est du même avis; il faut déjà faire venir à nous le plus de ressources possible, sans s'engager à livrer une médaille, et sans poser une limite minima à la souscription.

M. Monnier insiste sur la mention de la médaille, à la fin de la circulaire; ce sera donner un certain intérêt aux souscripteurs, qui ne verront plus seulement ainsi qu'une satisfaction platonique, mais bien au contraire trouveront une sorte de rémunération de leur don, un échange présentant de l'attrait pour tous les anciens élèves. Par cette façon de poser la question, nous aurons réellement des *souscriptions* au Centenaire, et non plus des *donations* ou cadeaux *volontaires*.

M. Mignon ne pense pas que l'on puisse, dans la première circulaire, prendre un engagement qui constitue déjà une partie du programme; dans une deuxième circulaire, après que les souscriptions volontaires auront produit tout ce qu'on est en droit d'en attendre, quand nous pourrons déjà nous faire une idée de nos ressources, on pourra alors certainement parler de la médaille. Quant à présent, cette mention serait prématurée.

M. Monnier maintient absolument sa proposition ; il voit un grand intérêt à mentionner la médaille, dont l'effet sera vraisemblablement de décider un grand nombre de camarades à souscrire, qui sans cela ne verraient pas un intérêt direct dans notre fête du Centenaire, et pourraient s'abstenir.

M. Léon ne saurait accepter la manière de voir de notre camarade Monnier; il faut que chacun de nous donne dans la mesure de ses moyens, chacun avec son cœur, chacun avec sa conscience. Celui qui donnera 1000 francs ne sera ni plus ni moins méritant que celui qui donnera 2 francs. Contentons-nous du grand intérêt moral que la souscription offre à tous les anciens élèves, sans vouloir y attacher une sorte d'intérêt matériel qui en dénaturerait le caractère.

S'il fallait en arriver à intéresser ainsi les souscripteurs pour les décider à venir à nous, il vaudrait mieux renoncer tout de suite à la fête. Ce qui amènera les souscriptions, c'est que notre Centenaire sera pour nous tous notre propre affirmation, c'est que, par notre grande manifestation pour le centième anniversaire de la fondation des Écoles, nous montrerons que les Écoles existent, et combien est grande et forte la famille des anciens élèves. Ce n'est pas la médaille qui doit nous faire venir les souscripteurs, c'est la propre conscience des camarades, leur bon vouloir, les liens de cœur qui les rattachent tous si étroitement à tout ce qui touche de près ou de loin à nos Écoles. Fixer un minimum à la souscription, comme on l'a demandé, et promettre en même temps une médaille, cela reviendrait brutalement à demander 5 francs en échange d'un objet qui pourra valoir 2 francs.

M. Monnier parle du cinquantenaire de l'École centrale, et dit que la commission avait fixé un minimum pour les cotisations.

M. Armengaud jeune est opposé à la promesse ferme d'une médaille, insérée dans la circulaire, mais il croit que l'on pourrait avec avantage y parler conditionnellement de cette médaille, en employant, par exemple, une tournure de phrase comme celle-ci : « Si les ressources le permettent etc. »

M. Léon accepterait volontiers cette proposition à laquelle se rallie aussi M. Monnier.

M. Guettier estime que cette question de la médaille n'est qu'accessoire, et qu'elle viendra certainement en son temps; la trancher dès à présent serait préjuger des décisions ultérieures; d'ailleurs on a arrêté les termes de la circulaire à la dernière séance, et il était, pour ainsi dire, entendu que la médaille ne serait pas encore indiquée.

M. Cahen répond que la Commission, à la dernière séance, n'a arrêté au contraire aucun des termes de la circulaire. Il donne lecture du projet, tel qu'il a été adressé aux divers membres de la Commission.

M. Léon propose d'accepter la circulaire, telle qu'elle est rédigée dans le projet qui vient d'être lu.

M. Monnier revient sur la mention de la médaille.

M. Armengaud aîné dit qu'il sera mieux de ne parler de la médaille que dans les circulaires qui suivront la première.

M. Monnier fait observer que la première circulaire est la plus importante, et que c'est elle qui décidera le succès de notre fête.

La Commission, consultée, décide à une forte majorité (neuf voix contre quatre) que la médaille ne sera pas mentionnée dans la première circulaire.

M. Guettier lit un contre-projet qu'il a rédigé pour la circulaire.

Après l'adoption d'une phrase de ce contre-projet, et la modification de diverses expressions du projet primitif, ce dernier est accepté dans son ensemble.

M. Cahen propose d'adjoindre à la Commission, pour augmenter le nombre des anciens élèves sortis de l'École d'Aix, M. Arbel, notre Président, qui fait d'ailleurs partie, de droit, de toutes les Commissions, et M. Bassères. — Adopté.

M. Armengaud aîné pense qu'il serait dès maintenant avantageux de nous mettre en rapport avec les groupes d'anciens élèves qui se trouvent dans les grandes villes, afin de constituer une sorte de propagande dont les résultats ne sauraient manquer d'être très efficaces.

M. le Président explique que c'est précisément ce que nous allons faire en nous adressant, par une circulaire pressante, spéciale, à tous les membres correspondants de notre Société.

M. Cahen expose la nécessité de désigner un trésorier pour recevoir les souscriptions et encaisser le montant des cotisations; il propose de charger notre camarade Bazaille de ces fonctions toutes d'honneur pour lesquelles ses aptitudes et sa haute honorabilité le désignent d'ailleurs. — Adopté.

M. Armengaud aîné émet l'idée d'écrire aux parents ascendants et descendants de ceux de nos camarades décédés, afin de les inviter à souscrire à notre Centenaire. Comme nous n'oublierons certes pas de glorifier la mémoire de nos chers camarades défunts, il va de soi que les familles de ces camarades pourraient sans inconvénient contribuer, dans une certaine mesure, aux frais de la solennité.

M. Mignon n'est pas de cet avis; nous pourrons certainement inviter à notre fête les parents de ceux de nos camarades qui sont morts, mais il ne faut pas leur demander de souscrire.

M. le Président pense qu'il sera bon d'annexer au bas de la circulaire un petit avis priant les destinataires de la communiquer à tous les camarades de leur région, sociétaires ou non. — Adopté.

Quel délai doit-on fixer pour les réponses à la circulaire?

La date du 31 janvier est décidée; il est en outre arrêté que tous les petits faux frais de circulaires, affranchissements, fournitures, etc., relatifs au Centenaire, seront portés à un compte spécial ouvert par le trésorier, et déduction en sera faite ultérieurement sur les fonds du Centenaire. La circulaire sera tirée à 5000 exemplaires et on conservera la forme pour un autre tirage si cela est nécessaire plus tard.

M. Cahen demande si l'on indiquera sur la circulaire la liste des premiers souscripteurs, avec le montant de leurs souscriptions.

Après un échange d'observations entre MM. Dietz et Mignon, cette question est réservée pour la prochaine séance, attendu qu'il faut d'abord que tous les membres de la Commission donnent leurs chiffres qui devront figurer en tête de la liste.

M. Léon écrira à M. Arbel à ce sujet.

Il est de plus entendu que les convocations adressées aux membres absents à la séance prieront ces membres de vouloir bien indiquer, pour la prochaine séance, le montant de leur souscription.

La Commission décide que la séance prochaine aura lieu, à quinzaine, soit le 14 novembre.

La séance est levée à 10 heures 1/4.

Le secrétaire : Albert Cahen.

PROCÈS-VERBAL

DE LA SÉANCE DU 14 NOVEMBRE 1879.

Présidence de M. Mignon, ancien président de la Société, membre de la Commission.

M. Cahen, secrétaire.

La séance est ouverte à 8 heures 3/4.

Présents : MM. Albaret, Armengaud jeune, Bassères, Cahen, Létuvée, Martin (Louis), Mignon, Poulot, Suc.

Le Secrétaire donne lecture du procès-verbal de la séance du 31 octobre 1879, qui est adopté sans observations.

MM. Barbier, Dietz, Furno, Morel et Armengaud aîné, s'excusent de ne pouvoir assister à la séance.

M. Blondel, membre de la Commission, exprime par lettre ses regrets de ne pouvoir se rendre à la convocation de ce jour ; il eût été heureux, dit-il, de revoir d'anciens camarades et de nouer de nouvelles relations avec ceux qui ont le privilège d'être plus jeunes que lui.

M. Léon, en s'excusant également de ne pouvoir assister à la séance, annonce à la Commission qu'il a reçu de notre camarade, M. Arbel, une lettre par laquelle l'honorable Président de notre Société le prie de souscrire en son nom une somme de 2,000 francs pour le Centenaire.

Dans la même lettre, M. Arbel demande d'examiner si la publicité donnée aux chiffres des souscriptions ne pourra pas produire quelques froissements. Il s'en rapporte d'ailleurs à ce qui sera décidé.

M. A. Durenne écrit aussi pour s'excuser, il prie la Commission de l'inscrire pour une somme de 100 francs.

M. Albaret communique une lettre qui lui a été adressée par M. Bajac, mécanicien, à Liancourt (Oise), et capitaine des pompiers de cette ville. Dans cette lettre, M. Bajac donne l'assurance que lorsque le moment sera venu, il fera tout son possible pour donner à la fête que nous nous proposons de célébrer tout l'éclat désirable.

M. le Président expose succinctement le but de la présente séance, qui est de décider si la circulaire à adresser aux camarades devra ou non porter les noms des premiers souscripteurs, avec l'indication des sommes souscrites. Il y a lieu également dans la présente séance de prendre connaissance des souscriptions personnelles des membres de la Commission.

Sur l'invitation de M. le Président, le secrétaire relit la circulaire, qui subit de nouveau quelques légères modifications.

M. le Président ouvre la discussion sur ce point, de savoir si les noms des souscripteurs avec leurs souscriptions respectives seront imprimés au bas de la circulaire.

MM. Poulot, Martin et Bassères, se prononcent pour la négative; ne peut-on pas craindre, disent-ils, que cette publicité donnée aux noms des souscripteurs avec l'indication de leurs souscriptions soit une cause de légitime froissement à l'égard des souscripteurs peu aisés qui, tout en faisant leur possible, dans la limite de leurs moyens, ne pourront souscrire que pour des sommes relativement minimes? Il y a là une question de délicatesse sur laquelle toute l'attention de la Commission doit certainement être appelée.

M. le Président est d'un avis opposé: dans une circonstance comme celle de notre Centenaire, il faut, si l'on veut mener l'œuvre à bien, donner un exemple qui soit suivi. Il est indispensable d'indiquer par des chiffres, très divers d'ailleurs pour les différents premiers souscripteurs, que notre fête du Centenaire n'a pas le caractère d'une Assemblée ordinaire, et que le devoir de tous les anciens élèves est de contribuer dans la plus large étendue à la célébration de cette solennité exceptionnelle. Si nous ne donnons pas dès le début des chiffres qui puissent guider tout le monde, nous nous exposerons à voir bien des camarades, qui auraient pu donner beaucoup, souscrire pour de faibles sommes et le regretter ensuite sans pour cela revenir forcément sur leur première décision. C'est peut-être cette éventualité qui pourra occasionner des froissements, et il faut l'éviter à la fois dans l'intérêt des souscripteurs, et dans l'intérêt de la fête.

M. Albaret partage l'opinion de M. le Président; il ne peut pas d'ailleurs y avoir de froissement à craindre, puisque les chiffres indiqués sur la circulaire s'annoncent dores et déjà comme devant être très variés, par exemple de 50 francs à 2.000 francs.

M. Poulot ne pense pas que l'indication de la souscription soit bien efficace; ce n'est pas cela qui sera de nature à entraîner les souscripteurs au delà de ce qu'ils pourront avoir décidé. Il cite l'exemple des bureaux de bienfaisance qui organisent régulièrement des listes de souscriptions volontaires sur lesquelles on voit figurer souvent de grosses maisons pour une somme de 20 francs et de petites maisons pour une somme de 300 francs. Chacun ne donne réellement que ce qu'il veut donner sans se guider sur le voisin.

M. le Président maintient la nécessité de donner l'exemple; il nous faut arriver à un total très élevé, le plus élevé possible, pour faire face aux dépenses qu'occasionnera notre Centenaire. Dans l'une des séances précédentes nous avons évalué à 60,000 francs ce qu'il faudra dépenser, et nous avons bien examiné par le détail le montant approximatif de chacun des éléments de la fête. Ne nous faisons donc pas d'illusion à cet égard, et cherchons tous les moyens de décider chacun de nos camarades à souscrire.

M. Poulot demande néanmoins que l'on cherche à éviter les froissements qui ne manqueront pas de se produire.

M. Armengaud jeune fait observer que notre circulaire ne saurait laisser d'ambiguïté dans l'esprit d'aucun de nos camarades. Il y est dit bien clairement que « *de la somme des souscriptions volontaires, dépendra l'abaissement de la cotisation individuelle uniforme* », ce qui permettra à tout le monde d'assister à la fête. Tous les anciens élèves comprendront donc parfaitement quel est le but qui a guidé la Commission lorsqu'elle aura fait imprimer les noms des souscripteurs et l'indication des sommes souscrites par chacun d'eux.

M. le Président rappelle que dès l'une des premières séances de la Commission, il avait proposé de fixer immédiatement la cotisation à 60 francs, sauf à parfaire ensuite la somme totale nécessaire, par des moyens à déterminer ultérieurement, dons volontaires, souscriptions supplémentaires, ou autres. C'est l'inverse qui a été décidé; on veut savoir d'abord sur quelle somme nous pouvons compter d'une manière ferme, avant de déterminer le taux de la cotisation. La simple logique commande donc de faire ce premier appel de la manière la plus efficace pour arriver à réduire autant que faire se peut le chiffre de la cotisation. Il faut donc stimuler le zèle des souscripteurs par un exemple donné sans aucune arrière-pensée, mais seulement avec le désir de bien faire et d'entraîner tout le monde à la suite de la Commission.

M. Poulot engage la Commission à ne pas perdre de vue le côté délicat de la question.

M. Monnier demande si les membres de la Commission seront obligés de verser de suite le montant de leurs souscriptions (la négative est adoptée) ; il propose de constituer d'abord une liste spéciale des membres de la Commission, puis de dresser à la prochaine séance une liste des premiers souscripteurs, qui sera disposée à la suite de celle des membres de la Commission. Pour qu'il n'y ait aucune surprise parmi les membres absents, il sera bon et efficace d'adresser à chacun d'eux l'épreuve de la circulaire à corriger. De cette manière ils pourront modifier leur première décision, ou compléter la liste s'il y a une lacune à combler.— Adopté.

M. Cahen fait remarquer qu'en tout cas, nous sommes entre camarades, et que les décisions qui sont prises par la Commission sont uniquement inspirées par le désir de bien faire. Tous nos camarades savent que nous n'avons pas d'autre but, et cette considération doit suffire pour nous mettre à l'abri de toutes les susceptibilités.

M. Albaret dit que nous n'avons qu'une pensée, faire grand, et l'éclat que nous donnerons à notre Centenaire rejaillira forcément sur tous les anciens élèves, indistinctement.

La Commission décide que la circulaire portera la liste des premiers souscripteurs avec l'indication des sommes souscrites. On procédera d'ailleurs, pour la correction des épreuves, comme on l'a arrêté sur la proposition de notre camarade Monnier.

M. ARMENGAUD JEUNE souscrit pour 500 francs; il est chargé par M. Armengaud aîné, son frère, de souscrire en son nom également pour une somme de 500 francs.

M. Blondel, sur la déclaration de M. Velut, agent de la Société, s'est déjà fait inscrire pour une somme de 50 francs.

M. MARTIN souscrit pour 100 francs.

M. CAHEN souscrit également pour 100 francs; il est en outre chargé par notre camarade Barbier de souscrire pour une somme de 100 francs, sous la réserve néanmoins que cette somme comprendra à la fois la souscription et la cotisation.

La Commission n'acceptant pas cette réserve, M. Cahen croit pouvoir faire maintenir le chiffre de 100 francs auquel M. Barbier adhérera sans aucun doute.

M. LÉTUVÉE souscrit pour une somme de 50 francs.

M. BASSÈRES souscrit pour 100 francs.

M. POULOT souscrit pour 200 francs.

M. SUC se fait inscrire pour la même somme de 200 francs.

M. MARTIN, après les diverses considérations qui viennent d'être émises, est heureux de se ranger à l'opinion générale. « Il fallait sauter le pont », dit-il, « il l'a fait de tout cœur, et en toute franchise; nous sommes entre nous et cela doit arrêter tout scrupule ». Cette déclaration tout amicale, et de bonne camaraderie, est accueillie par les applaudissements unanimes des membres de la Commission.

M. MIGNON souscrit pour une somme de 2,000 francs.

M. MONNIER se fait inscrire pour une somme de 20 francs.

M. ALBARET propose à la Commission d'écrire à notre camarade M. Maindron, statuaire, qui pourra sans doute prêter son concours pour l'exécution de la fête.

M. LE PRÉSIDENT répond que cela sera fait certainement en temps opportun, mais que pour le moment il n'y a pas lieu de demander à M. Maindron un concours personnel actif.

M. ALBARET rappelle que la ville de Liancourt entend dores et déjà faire tout le possible pour donner à notre Centenaire toute la solennité désirable.

M. CAHEN résume les diverses décisions qui viennent d'être prises.

La prochaine séance est fixée au vendredi 16 janvier 1880.

La séance est levée à 10 heures.

Le secrétaire : ALBERT CAHEN.

PROCÈS-VERBAL

DE LA SÉANCE DU 16 JANVIER 1880.

Présidence de M. MIGNON, ancien président de la Société, membre de la Commission;

M. CAHEN, secrétaire.

La séance est ouverte à 8 heures 1/2.

Présents : MM. Albaret, Arbel, Armengaud jeune, Bassères, Cahen, Létuvée, Martin, Mignon.

M. Trotabas, sociétaire, assiste également à la séance, pour laquelle il a reçu une convocation, sur sa demande.

LE SECRÉTAIRE donne lecture du procès-verbal de la séance précédente du 14 novembre 1879, qui est adopté sans observations.

MM. Armengaud aîné, Barbier, Furno, Morel et Léon, s'excusent de ne pouvoir assister à la séance.

M. LE PRÉSIDENT donne lecture de la correspondance du 14 novembre 1879 au 16 janvier 1880 :

M. Feuillebois, membre correspondant de l'Eure, accuse réception des circulaires qui lui ont été adressées, et demande un nouvel envoi. Il soumet quelques idées à la Commission, notamment : « 1° obtenir la délégation officielle d'un ou de plusieurs membres des centres de réunion, pour assister aux fêtes. — 2° inviter les membres correspondants, ou mieux les promoteurs ordinaires des banquets de région, à faire coïncider leur réunion annuelle avec la fête du Centenaire, et à transmettre l'expression de leurs sentiments, *mais de telle façon que les dépêches arrivent au moment même de la manifestation* qui doit avoir lieu devant la statue ou sur la tombe du personnage vénérable à qui cette fête s'adressera tout d'abord. »

La Commission prend acte des observations de notre camarade Feuillebois et prie l'agent de la Société, M. Vélut, de lui en accuser réception en lui adressant tous nos remerciements.

M. Coquet, membre correspondant à Lyon, demande l'envoi de 200 circulaires nouvelles pour donner le plus d'extension aux invitations à faire dans le Rhône. Il prie l'agent de la Société de faire adresser ces circulaires à notre camarade Cohard, ingénieur de la maison Buffaud frères, qui est chargé de la distribution aux camarades de la région.

M. D. Legat, sociétaire, en adressant sa souscription au Centenaire, soumet à la Commission l'idée de fonder, avec l'excédent des fonds, s'il y en a, un prix annuel dans chacune des trois Écoles, prix qui serait désigné sous le nom de « *Prix du Centenaire.* »

La Commission pense que cette question, qui a d'ailleurs été déjà examinée à plusieurs reprises dans les séances antérieures, trouvera sa place dans l'examen des différentes parties du programme à élaborer ultérieurement. C'est surtout le chiffre total des souscriptions qui décidera de tout.

M. Grégoire, sociétaire, envoie sa souscription et propose de fonder « un prix annuel ou bisannuel, en faveur d'un ancien élève pour un ouvrage dont le canevas serait désigné par une Commission spéciale ». Ce prix porterait par exemple le nom de prix du Centenaire de M. le duc de La Rochefoucauld-Liancourt, etc.

La Commission fait les mêmes observations que pour la proposition Legat.

M. Loilier adresse à la Commission, au nom de M. *Guettier*, différents documents, autographes, gravures, et une médaille qu'il croit utiles à la Commission.

M. Armengaud jeune demande que l'on distribue à chacun des membres de la Commission un certain nombre de circulaires du prochain tirage, afin que chacun de nous puisse les faire parvenir aux camarades, sociétaires ou non, que nous connaissons, et dont nous pouvons avoir personnellement les adresses.

M. Vélut, agent de la Société, satisfera à cette légitime réclamation.

M. Trotabas parle au nom d'un certain nombre de camarades d'Algérie :

« Comme vous le savez, dit-il, un groupe relativement important d'anciens élèves des Arts et Métiers habitent l'Algérie, répartis sur la vaste étendue de cette belle colonie. Quelques camarades et moi, nous nous sommes efforcés, dans ces derniers temps, d'affirmer les liens de bonne camaraderie qui doivent tous nous unir, au moyen de réunions périodiques, et notamment de banquets annuels. Nous y avons réussi, et nous le devons surtout au zèle et à l'entrain d'un de nos dignes camarades, M. Cousin, chef de section au chemin de fer, membre correspondant de la Société.

« J'ai reçu de lui un résumé statistique des situations occupées par nos camarades d'Algérie. Quoique ce document n'entre pas dans l'ordre des questions que vous avez à traiter ce soir, je vous demande la permission de le lire, persuadé qu'il pourra vous offrir quelque intérêt.

Marine. 2 lieutenants de vaisseau commandants de port, 1 mécanicien principal	3
Armée de terre. 2 capitaines du génie, 2 capitaines d'artillerie, 1 capitaine de zouaves, 1 lieutenant d'artillerie, 1 officier d'administration. 2 adjoints du génie, 5 sous-officiers du génie	14
Mines. 3 gardes mines	3
Ponts et chaussées. 17 conducteurs dont 3 faisant fonctions d'ingénieur	17
Topographie. 10 géomètres dont 1 chef de service	10
Voirie départementale, 12 agents-voyers dont 1 chef de service	12
Chemins de fer (4 compagnies). 5 ingénieurs, 4 sous-ingénieurs, 3 chefs de dépôt, 2 sous-chefs de dépôt, 2 chefs de section, 1 chef de bureau, 8 conducteurs de travaux, 3 mécaniciens, 8 dessinateurs	36
A reporter	95

Report.	95
Exploitation de mines et carrières. 1 ingénieur chef de sondages et 1 directeur de salines	2
Constructeurs-mécaniciens.	3
Usiniers	2
Ingénieurs civils et architectes.	7
Entrepreneurs de travaux publics.	6
Colons propriétaires.	6
Soit en tout. . . . . . . anciens élèves.	121

« Votre circulaire, messieurs, est arrivée à la plupart de nos camarades d'Algérie, leur donnant connaissance de l'heureuse idée que vous avez conçue, et qui a rencontré une approbation unanime.

« En ma qualité de Président du dernier banquet d'Oran, ils me chargent de vous transmettre leur chaleureuse adhésion au projet, et de vous communiquer leurs intentions.

« Ils voudraient pouvoir, comme un grand nombre de nos camarades de France, prendre part personnellement à cette solennelle manifestation qui nous honorera tous, mais la grande distance qui les sépare de Paris crée des difficultés de temps et de dépense, équivalant presque à une impossibilité absolue.

« Ils ne veulent pourtant pas s'en tenir à une adhésion platonique, et ils ont projeté d'organiser eux aussi une fête commémorative qui aurait lieu le même jour qu'à Paris.

« Ils s'uniront ainsi de cœur avec leurs camarades de France, dans ce touchant et universel témoignage de gratitude à la mémoire du duc de La Rochefoucauld.

« Je me résume, Messieurs, en vous priant de vouloir bien me donner acte de cette communication, que nous considérons comme un témoignage de déférence envers la Commission du Centenaire.

« Le Comité provisoire d'Oran, auquel je me ferai un plaisir de transmettre les conseils et les informations que vous pourriez avoir à lui donner à ce sujet, les acceptera avec reconnaissance. »

M. le Président, au nom de toute la Commission, remercie vivement M. Trotabas de son amicale communication, et il invite M. Vélut, agent de la Société, à en donner acte en témoignant de toute la sympathie de la Commission à l'égard de nos camarades d'Algérie.

M. le Président donne lecture d'un état récapitulatif de la situation de la souscription, à ce jour :

La souscription totale s'élève à la somme de 15,213 francs avec un nombre de 142 souscripteurs.

Il a été *versé*, par 54 souscripteurs, 2,112 francs.

443 circulaires ont été adressées à d'anciens élèves non-sociétaires. 12 anciens élèves non-sociétaires figurent dans la somme totale pour une somme de 705 francs, sur laquelle il a été *versé* 610 francs.

Enfin, les dépenses s'élèvent à la somme de 172 fr. 48.

Savoir :

Circulaires (2,500).	90 f.	»
Affranchissement Bidault.	53	20
Répertoire alphabétique.	4	50
1re Convocation de la Commission.	3	30
2e — —	3	45
Affranchissements partiels et envois de reçus.	18	03
Somme égale. . . .	172 f.	48

La Commission décide que l'on va immédiatement envoyer la seconde circulaire, en y annexant la liste complète des souscripteurs à ce jour, et en supprimant l'indication du dernier délai.

M. Trotabas pense que l'on ferait bien d'indiquer sur cette circulaire, bien que d'une façon assez vague, que, si les ressources le permettent, il sera créé un ou plusieurs prix à l'occasion du Centenaire.

La Commission est d'avis de réserver cette question tout entière, qui ne pourra être efficacement abordée qu'au moment où l'on arrêtera le programme complet du Centenaire.

M. le Président exprime, en terminant, l'espoir que l'Assemblée générale prochaine du 8 février nous amènera un fort contingent de nouveaux souscripteurs.

La prochaine séance est fixée au vendredi 6 février.

La séance est levée à 9 h. 1/2.

Le secrétaire : Albert Cahen.

PROCÈS-VERBAL

DE LA SÉANCE DU 6 FÉVRIER 1880.

Présidence de M. Arbel, sénateur, président de la Société; M. Cahen, secrétaire.

La séance est ouverte à huit heures et demie.

Présents : MM. Albaret, Arbel, Bassères, Cahen, Durenne aîné, Durenne (Antoine), Furno, Létuvée, Morel et Sue.

Le Secrétaire donne lecture du procès-verbal de la séance précédente du 16 janvier 1880, qui est adopté sans observation.

MM. Armengaud jeune, Guettier et Martin s'excusent de ne pouvoir assister à la séance.

M. le Président donne communication de diverses lettres relatives au Centenaire :

M. Hug, ingénieur des ateliers d'Oullins (Rhône), adresse à M. Bazaille, trésorier de la Société, un mandat-poste de 250 fr. et 22 bulletins de souscriptions recueillis parmi les camarades de sa région.

M. Hug espère en envoyer encore un certain nombre.

M. *Umber, directeur de l'usine à gaz de* Colmar, adresse également un chèque de 60 fr. pour la souscription de trois camarades de sa ville.

Enfin, M. Pérot, de Liancourt, souscrit pour une somme de 100 fr., à la condition que toute la fête du Centenaire ait lieu à Liancourt. Si une partie seulement de notre fête se passe à Liancourt, et l'autre partie à Paris, M. Pérot entend réduire sa souscription à 50 fr.

L'agent de notre Société, M. Vélut, n'a pas cru pouvoir accepter cette réserve, il prie la Commission de trancher la question. (Réservé.)

M. Albaret croit devoir faire observer à la Commission que rien d'officiel n'a encore été communiqué aux autorités municipales de Liancourt, et qu'il y aurait peut-être opportunité actuellement à prévenir officiellement M. le maire de Liancourt du désir dans lequel nous sommes de faire une partie de notre fête du Centenaire à Liancourt.

M. le Président pense, comme M. Albaret, qu'il serait temps de prévenir M. le maire de Liancourt.

M. Léon partage la même opinion.

M. Albaret fait remarquer que le tombeau de M. de La Rochefoucauld étant situé dans le parc de Liancourt, il y aura lieu de demander à la famille l'autorisation de se réunir dans la propriété.

Il ajoute qu'il a déjà étudié avec M. Pérot ce que l'on pourrait faire au point de vue de la plaque commémorative à placer à l'entrée de la ferme dite de la Faïencerie.

M. le Président propose de déléguer trois membres de la Commission : MM. Blondel, Albaret et Dietz, qui se rendraient à Liancourt pour examiner la question sur place.

M. Albaret signale à la Commission M. Frank, duc de La Rochefoucauld, héritier du nom cher aux anciens élèves, qu'il serait convenable de proposer au Comité comme membre honoraire de notre Société.

Cette motion est vivement approuvée par la Commission et M. le Président annonce que cette nomination sera soumise à l'Assemblée générale le surlendemain 8 février.

M. le Président donne communication du montant de la souscription qui s'élève à 19,550 fr.

141 souscripteurs formaient un total de...			15.270 fr.	
51	»	avaient versé.		2.212 fr.
		Du 16 janvier au 6 février:		
112	»	ont envoyé....	4.280	
78	»	ont versé..............		1.211
		Totaux........	19.550 fr.	3.423 fr.

Sur les........	141	premiers souscripteurs,
		12 ne sont pas sociétaires.
Sur les........	112	souscripteurs de la 2e liste,
		43 ne sont pas sociétaires.
Souscripteurs .	253	55 non-sociétaires.

Au 16 janvier 1880, les dépenses s'élevaient à........	82 fr. 48 c.
Du 16 janvier au 6 février inclus, à................	102 99
Dépenses totales au 6 février 1880.......	185 fr. 47 c.

M. LE SECRÉTAIRE lit la partie du rapport général des travaux du Comité à l'Assemblée générale, concernant la question du Centenaire.

M. LÉON, qui vient de faire un voyage dans le midi, estime qu'il faut faire connaître, par tous les moyens possibles, le but de la fête, afin de provoquer des souscriptions.

M. MOREL (Désiré), arrivant de Bourges, parle dans le même sens.

M. LE PRÉSIDENT se déclare, quant à lui, très satisfait du résultat obtenu.

MM. ALBARET et LÉON, revenant sur la question de la fête à Liancourt, demandent que la lettre à adresser à M. le Maire soit signée par M. Arbel.

M. ALBARET ajoute qu'on peut remettre à plus tard les démarches à faire auprès de la famille de La Rochefoucauld et de M. Frémont; *pour le moment*, il suffit d'écrire à M. le Maire de Liancourt.

M. LÉON fait remarquer que la 2e liste de souscription a produit un très bon résultat en ce sens *qu'elle a permis à quelques camarades, qui hésitaient*, d'envoyer leur souscription, toute modeste qu'elle soit.

M. DURENNE (A.) dit qu'à la prochaine Assemblée générale, c'est la question du *Centenaire* qui dominera et qu'il faut en profiter pour stimuler le zèle de nos camarades. Il demande, en conséquence, que M. le Président veuille bien en dire quelques mots dans son discours.

M. LÉON appuie cette proposition, car, dit-il, nous allons arriver au moment où il faudra fixer le chiffre de la cotisation au plus bas possible, 15 fr. par exemple.

Il faut aussi arrêter un programme; nous aurons des invitations à faire, en commençant par M. le Ministre.

Sur la question de la réduction du prix des places en chemin de fer, M. DURENNE dit qu'on a obtenu une réduction de 50 p. 100 pour l'École centrale.

M. VÉLUT, agent de la Société, annonce à la Commission qu'il a reçu la visite de M. Douau, qui se met à la disposition de la Commission pour la partie artistique de la fête.

M. Létuvé demande quelle est la date exacte fixée pour la fête.

Le Secrétaire relit le procès-verbal relatif à cette question, et M. le Président propose le dimanche 8 août prochain.

Cette date est adoptée par la Commission.

La prochaine réunion est fixée au vendredi 5 mars prochain, et la séance est levée à 9 heures 1/2.

Le Secrétaire : Albert Cahen.

PROCÈS-VERBAL

DE LA SÉANCE DU 5 MARS 1880.

Présidence de M. Mignon, ancien président de la Société, membre de la Commission.

M. Gaillot faisant fonctions de secrétaire.

La séance est ouverte à 8 heures 1/2.

Présents : MM. Mignon, Albaret, Armengaud aîné, Bassères, Monnier, Barbier, Gaillot.

Le Secrétaire donne lecture du procès-verbal de la séance précédente du 6 février 1880, qui est adopté sans observation.

M. Albaret émet l'espérance que M. Frémont et M. de La Rochefoucauld seront favorables à l'autorisation d'apposer une plaque commémorative sur la ferme de la Faiencerie (berceau de nos Écoles). Quant à Liancourt, nous recevrons certainement le meilleur accueil; M. Albaret a fait une visite à M. le Maire de la commune de Liancourt pour l'entretenir de ce sujet. il a reçu l'assurance que l'on favoriserait autant que possible la fête proposée. En outre. M. le Maire de Liancourt a écrit officiellement à notre Président en l'informant que, sur sa proposition, le Conseil municipal a nommé une Commission de cinq membres pour prendre, de concert avec notre Sous-Commission qui ira à Liancourt, les mesures nécessaires à la solennité du Centenaire.

La lecture de la correspondance est continuée.

M. Cahen, secrétaire de la Commission, s'excuse de ne pouvoir assister à la séance.

M. le Président fait connaître l'état des souscriptions à ce jour. Le montant en est de 25,404 francs pour 430 souscripteurs dont 278 sociétaires et 152 non-sociétaires.

221 souscripteurs ont opéré leur versement, soit 6,202 francs.

Les dépenses à ce jour se montent à 211 fr. 70.

M. Armengaud aîné fait remarquer que les anciens Élèves non-sociétaires ont répondu en grand nombre à notre appel, surtout si l'on considère que le nombre connu en est restreint, et qu'ils ont été moins complètement avisés que les sociétaires.

MM. Mignon et Bassères se joignent à cette remarque, et pensent qu'une troisième circulaire devra être envoyée.

M. Mignon, indiquant l'état précédent, propose de faire ressortir dans la nouvelle circulaire l'empressement des anciens Élèves non-sociétaires, en le comparant à la tiédeur d'un grand nombre de sociétaires qui n'ont pas encore répondu.

M. Vélut fait observer que l'on ne connait encore que les résultats adressés directement à la Société, mais qu'en province, des groupements ont lieu, dont les résultats encore ignorés peuvent modifier l'état de la souscription.

M. Albaret pense qu'on devrait motiver la 3e circulaire et donner un aperçu du programme.

M. Vélut rappelle incidemment le projet de fondation de prix pour les Écoles et le désir manifesté d'avoir à la fête les majors des trois Écoles.

M. Bassères ajoute qu'en avançant l'intention que l'on peut avoir de fonder des prix, on devra faire remarquer *qu'elle ne serait exécutable qu'avec une somme* souscrite suffisante.

Diverses observations sont échangées sur l'importance du capital nécessaire à l'établissement des prix projetés.

M. Mignon croit que nous ne pouvons entretenir sérieusement nos camarades du programme, tant que nous ne connaitrons pas nous-mêmes le montant des souscriptions, l'importance à donner à la fête et celle des sommes à dépenser étant inséparables.

M. Albaret dit qu'on pourrait alors instruire nos camarades que, malgré son désir de préciser les points d'un programme, la Commission en est empêchée jusqu'à plus ample connaissance de la souscription.

M. Barbier présente des observations faites par des camarades de province qui désireraient connaître le programme avant d'envoyer leur cotisation.

M. Mignon fait de nouveau ressortir l'impossibilité d'une réponse sans connaître les ressources.

M. Barbier pense toutefois que la 3e circulaire devra être plus complète que les deux autres, et il rappelle que quelques propositions faites à l'Assemblée générale dernière pourraient être indiquées.

Comme renseignements, M. Vélut donne lecture de ces propositions.

A ce sujet, MM. Albaret, Barbier et Bassères pensent que la *division* de la fête en deux journées créerait de très grandes difficultés dans l'exécution.

M. Mignon fait ressortir l'impossibilité d'une Assemblée générale des souscripteurs, et dit qu'en tout cas elle serait, comme nous, impuissante à formuler un programme sans la connaissance préalable des ressources.

M. Barbier pense qu'en tenant compte des observations faites par nos camarades de province, on pourrait toutefois donner dans la 3e circulaire l'élaboration d'un programme quelconque, sauf à ne pas s'y conformer si les moyens ne le permettaient pas au dernier moment.

M. Mignon propose, pour donner satisfaction à ce désir, de *rédiger ainsi* la circulaire : La Commission a l'intention de... etc. (suivrait le programme projeté).

On exposerait en outre que nos invitations seraient d'autant plus nombreuses et la fête plus brillante que les ressources seraient plus grandes.

M. Barbier, continuant les observations faites par des camarades de province, dit que certains d'entre eux ne comprennent point que des fêtes puissent coûter aussi cher; que quelques-uns ont fait observer que l'importance de quelques souscriptions à côté des noms des souscripteurs dans la première circulaire a donné lieu à des critiques, et que cela pourrait arrêter quelques souscriptions plus modestes.

M. Mignon, répondant à ces observations, pense qu'il n'y a pas lieu de s'y arrêter, que les meilleures intentions sont souvent dénaturées, et qu'il y aura toujours, si bien qu'on soit inspiré, quelqu'un pour critiquer les choses faites; son avis est, qu'au contraire, la publication des noms et des sommes a pu conduire plusieurs sociétaires à augmenter leur souscription.

M. Barbier demande qui préparera la prochaine circulaire; il est convenu qu'on priera M. Cahen, qui s'est si bien acquitté des précédentes, de bien vouloir s'en charger.

Quelques observations sont échangées entre MM. Mignon et Barbier sur l'application du produit de la souscription.

M. Barbier dit que dans son opinion, et pour éviter toute critique, le produit devra être totalement affecté aux frais de la fête à Paris, les autres dépenses restant personnelles.

M. Mignon fait observer que le but ayant été de rendre la fête accessible au plus grand nombre, il avait toujours été entendu qu'une partie des fonds seraient appliqués à la fête, et une autre partie à diminuer la cotisation commune; que d'ailleurs certaines dépenses comme celles de la fête à Liancourt ne pourraient être personnelles sans nuire à l'ensemble de la manifestation, qu'en tout cas les critiques possibles ne devaient pas empêcher ce qui avait été déjà décidé.

M. Monnier pense qu'une médaille commémorative distribuée en souvenir du Centenaire satisferait un grand nombre de nos camarades, et il donne lecture de notes à l'appui de son opinion ainsi que du montant de la somme à dépenser. Il fait aussi observer qu'en insérant dans les journaux une annonce relative à la fête du Centenaire, le fait serait connu de beaucoup de nos camarades non-sociétaires qui n'ont pu être prévenus.

Quelques observations sont échangées sur les moyens pratiques d'insérer cette annonce.

M. Barbier pense qu'en invitant à notre fête la presse, celle-ci en faisant connaître l'invitation, répondrait d'elle-même à la publicité désirée.

M. Vélut indique le moyen d'obtenir facilement l'insertion en faisant composer d'avance l'article qu'on veut faire insérer.

M. Albaret est d'avis que l'insertion dans une feuille d'un tirage important, comme le *Petit Journal*, par exemple, serait reproduite par les autres journaux.

La séance prochaine est fixée au vendredi 16 avril, avec l'élaboration du programme à l'ordre du jour.

La séance est levée à 10 heures 1/2.

Le membre de la Commission faisant fonctions de secrétaire : Gaillot.

PROCÈS-VERBAL

DE LA SÉANCE DU 16 AVRIL 1880.

Présidence de M. Arbel, sénateur, président de la Société ;
M. Cahen, secrétaire.

La séance est ouverte à 8 heures 1/2.

Présents : MM. Albaret, Arbel, Armengaud aîné, Barbier, Cahen, Dietz, Durenne aîné, Durenne (Antoine), Furno, Gaillot, Léon, Létuvée, Mignon, Monnier et Suc.

M. Trotabas assiste à la séance.

M. Gaillot donne lecture du procès-verbal de la séance précédente du 5 mars 1880, qui est adopté après une rectification de M. Albaret.

MM. Armengaud (Charles), Bazaille, Guettier et L. Martin, s'excusent de ne pouvoir assister à la séance.

La rectification faite au procès-verbal par M. Albaret étant relative à la visite à faire à la famille de La Rochefoucauld, M. le Président propose de procéder immédiatement à la désignation d'une Sous-Commission de trois membres qui aura pour mission de se mettre en rapport avec Mme la duchesse douairière de La Rochefoucauld, et avec M. Frémont, pour s'entendre au sujet de la manifestation à faire à Liancourt.

M. Léon propose, pour faire partie de cette Commission, MM. Albaret, Arbel et Mignon. — Adopté.

M. Mignon prie l'agent de la Société, M. Vélut, de s'enquérir du jour et de l'heure qui conviendront à Mme la duchesse de La Rochefoucauld pour recevoir notre délégation.

M. le Président pense qu'il serait nécessaire maintenant de constituer une autre

Sous-Commission pour s'entendre avec le Conseil municipal et les autorités de la ville de Liancourt.

M. Barbier estime que la constitution de cette Sous-Commission serait prématurée, et qu'il faut d'abord arrêter le programme de la fête.

M. le Président fait observer qu'il y a urgence à entrer dès à présent dans les négociations préliminaires de l'organisation de notre Centenaire. En remettant toujours de quinzaine en quinzaine la pose des premiers jalons, nous finirons par ne plus arriver à temps.

M. Mignon partage l'opinion de M. Arbel; il y a trois points élémentaires qui sont pour le moment inséparables et qui peuvent marcher de front; les deux visites distinctes à faire d'une part à la famille de La Rochefoucauld, et d'autre part à la municipalité de Liancourt; enfin, les ressources sur lesquelles nous pouvons compter pour l'organisation générale du Centenaire.

M. Barbier demande si, en tout cas, on ne devrait pas dès maintenant statuer sur la question de savoir s'il y aura deux fêtes à célébrer le même jour à Liancourt et à Paris.

M. Mignon et divers membres pensent que cette question ne fait pas de doute.

M. le Président dit que le chiffre total à ce jour, de la souscription volontaire, est déjà de 34,000 fr. environ, c'est donc là un élément sur lequel la Commission peut compter.

M. Barbier croit que de toute façon il faudra toujours une Sous-Commission spéciale qui devra être déléguée auprès de la municipalité de Liancourt.

M. Trotabas est du même avis.

M. Cahen pense que pour éclairer la Commission sur les premières bases qui ont été jetées dès le début quant au programme du Centenaire, et en même temps pour rendre compte des idées et appréciations qui se sont manifestées lors de la dernière Assemblée générale du 8 février, il serait bon de lire maintenant les procès-verbaux de la première séance de la Commission du Centenaire et de la susdite Assemblée générale.

Il est procédé à cette lecture.

M. le Président demande que l'on arrête maintenant le lieu où se feront les deux fêtes.

M. Barbier dit qu'il est indispensable qu'une grande partie de la fête se passe à Paris.

M. Léon est de la même opinion; il faut faire une grande fête à Paris pour y attirer le plus grand nombre possible de camarades, qui certainement n'iraient pas à Liancourt.

M. Cahen appuie la motion de M. Léon, en se plaçant à un autre point de vue. Il ne faut pas oublier en effet que ce que nous voulons surtout fêter, c'est le Centenaire de la fondation de nos Écoles, et non pas le Centenaire du fondateur. Il ne faudrait donc pas se borner à une fête à Liancourt qui pourrait dénaturer en partie le caractère général de notre manifestation.

Il y a donc lieu, certes, de faire quelque chose à Liancourt, mais surtout de célébrer la grande fête le soir à Paris.

M. Vélut croit devoir communiquer à la Commission les observations émises dans diverses lettres adressées à la Société par plusieurs camarades de Paris et de province :

M. Guenez (Jules) souscrit pour 10 francs et pense que la fête n'aurait pas dû être entreprise, dans la crainte de ne pouvoir faire mieux que l'École centrale, et de subir un échec.

M. Coquet annonce 570 fr. et regrette qu'on n'ait pas conservé la date primitive (mai); en août, on sera aux eaux, etc., etc.

M. Steib demande des circulaires pour faire de la propagande dans les Vosges.

M. Blanc envoie d'Arles une souscription collective de 285 fr.

M. Maréchaux fils, à Montmorillon, demande des circulaires.

M. Jeannin, membre correspondant des Charentes, envoie 200 fr. (Souscription collective.)

M. Gaertner adresse une liste de 26 noms d'anciens élèves non-sociétaires (Lorient).

M. Trouillet écrit, au nom des souscripteurs d'Angers (863 fr.), que la date du août paraît un peu près des vacances des Écoles; qu'il fera peut-être bien chaud; il aurait préféré que la fête coïncidât avec l'Assemblée générale et le banquet de septembre.

M. Guettier soumet diverses propositions à la Commission, relatives à la nouvelle édition de l'*Histoire des Écoles*.

M. Mingaud (souscripteur) demande si l'on pourrait inviter des étrangers à la fête du soir, des jeunes élèves notamment.

M. Crouzet, membre correspondant du Gard, envoie 344 fr., montant d'une souscription collective.

M. Vélut donne ensuite communication du résultat actuel de la souscription, dont le montant total s'élève à la somme de 33,849 francs.

Au 16 avril, le montant total de la souscription est de.......	33.849 fr. »»
A la dernière séance, le 5 mars, la souscription avait atteint.	25.384 fr. »»
Augmentation due à la troisième circulaire....	8.465 fr. »»
Au 16 avril, le montant des encaissements est de	13.439 fr. »»
A la dernière séance, on avait encaissé	6.292 fr. »»
Augmentation de l'encaisse......	7.147 fr. »»
A la dernière séance, les dépenses s'élevaient à	211 fr. 70
A ce jour, par suite des remises de facture, il y a en plus...	528 fr. 28
Soit en total à ce jour.....	739 fr. 98

La troisième circulaire a coûté, affranchissement compris, environ 245 francs.

A la dernière séance, il y avait.	452		souscripteurs
dont...		100	non-sociétaires
Depuis la dernière séance......	374		nouveaux souscripteurs
dont...		178	non-sociétaires
Souscripteurs...	826	dont 280	non-sociétaires

L'agent de la Société : Vélut.

Le 16 avril 1880.

Divers membres expliquent, d'autre part, que de tous côtés les camarades de province font des collectes, et que nous pouvons compter sur la bonne volonté de tous.

M. Léon pense qu'en présence d'un résultat acquis, aussi brillant, nous n'avons plus à nous préoccuper outre mesure de la question des ressources du Centenaire, et que nous devons procéder le plus vite possible à l'élaboration du programme. Il serait bon dès à présent de décider d'une manière définitive s'il y aura oui ou non deux parties bien distinctes de la fête, l'une à Liancourt, l'autre à Paris.

M. Albaret croit devoir appeler l'attention la plus scrupuleuse de la Commission sur les exigences du voyage à Liancourt. Il ne faut pas se faire d'illusion, les diverses stations que l'on se propose de faire à la statue, à la tombe et à la ferme de Liancourt sont relativement éloignées l'une de l'autre, et il sera indispensable que la Sous-Commission spéciale étudie bien les conditions matérielles d'exécution de la fête de Liancourt.

M. Mignon insiste sur la nécessité absolue de faire deux fêtes distinctes, l'une à Liancourt, qui pourra être aussi résumée que l'on voudra, et l'autre qui devra consister en un grand banquet à Paris suivi ou non d'une soirée artistique. M. Mignon croit que la Commission est suffisamment éclairée, et il demande que l'on mette aux voix la question de savoir s'il y aura deux parties distinctes de la fête, ou une seule fête à Paris.

M. le Président demande à quelle heure il faudrait arriver à Liancourt pour que nous ne soyons pas obligés de rendre notre manifestation par trop sommaire.

M. Albaret répond qu'il faudrait partir de Paris assez tôt, soit 7 heures du matin, pour arriver à Liancourt de 9 heures 1/2 à 10 heures.

M. Dietz dit que la Sous-Commission de Liancourt, pour remplir son mandat d'une manière pratique, devra, en quelque sorte, faire aux endroits mêmes une répétition des diverses phases de la manifestation. C'est par ce seul moyen que l'on arrivera à bien déterminer ce qu'il est oui ou non possible de faire matériellement dans la matinée et dans une partie de l'après-midi, en y comprenant le déjeuner forcé à Liancourt.

La plupart des membres de la Commission manifestent leur avis dans le même sens que notre camarade M. Dietz.

M. Dubenne (Antoine) exprime la pensée que l'exécution matérielle d'une véritable fête à Liancourt est impossible. Il faut que le grand éclat que nous nous proposons de donner à notre Centenaire résulte de la fête qui sera célébrée à Paris. Que l'on envoie à Liancourt une délégation de la Société à laquelle se joindront volontairement tous ceux qui désireront aller déposer leur hommage devant les restes et la statue du grand philanthrope, rien de mieux; mais que l'on prétende entraîner à Liancourt la grande masse de nos camarades, ce serait une illusion qu'il serait peut-être cruel d'être obligé de reconnaître au dernier moment. C'est Paris qui doit être le point central de ralliement, c'est à Paris que nous devons faire notre véritable fête.

M. le Président met aux voix la question de savoir s'il y aura une seule fête à Paris, ou deux parties distinctes, l'une à Liancourt, l'autre à Paris.

A l'unanimité, la Commission décide qu'il y aura deux parties distinctes de la fête.

M. Mignon, parlant de la prochaine circulaire à envoyer à nos camarades, exprime le désir d'y voir figurer l'indication du chiffre de la cotisation spéciale pour le banquet de Paris. Nous connaissons maintenant à peu près le montant de nos ressources, nous pouvons donc facilement poser un chiffre qui ne sera pas changé, pour ce qui est de la partie matérielle du banquet. D'autre part, comme les préliminaires de l'organisation de cette soirée prendront un certain temps, qu'il faudra retenir les salles longtemps à l'avance, il faut que la circulaire indique définitivement un dernier délai pour l'envoi des souscriptions et cotisations. Ne pourrait-on pas, par exemple, fixer le 30 juin comme dernier terme, sauf à accorder huit ou quinze jours de prolongation pour les souscripteurs en retard ?

M. Léon croit qu'il est peut-être trop tôt pour déterminer le chiffre de la cotisation.

Divers membres disent qu'il est, au contraire, indispensable maintenant de le faire le plus tôt possible.

M. Mignon propose de fixer dès à présent à 20 francs le prix de la cotisation pour le banquet. Si ce chiffre ne suffit pas, on prendra l'excédent sur la somme provenant des souscriptions volontaires.

M. Cahen demande s'il ne serait pas possible, dans cet ordre d'idées, d'abaisser la cotisation à 15 francs. Nous devons mettre ce chiffre à la portée du plus grand nombre de nos camarades, et plus nous pourrons diminuer le taux de la cotisation, plus nous aurons de convives.

Après quelques observations, la Commission adopte le chiffre de 20 francs comme taux de la cotisation pour le banquet.

M. Mignon dit que la prochaine circulaire devra indiquer tout ce qui a été déjà décidé par la Commission, et donner le plus de renseignements sur les projets de programme dont on n'arrêtera les détails qu'après la clôture définitive de la souscription.

M. Trotabas pense que l'on ne doit pas encore arrêter la souscription au 30 juin, et donner plus de temps.

La Commission accepte le 30 juin comme dernier terme à indiquer dans la circulaire, sauf à accepter les souscriptions jusqu'au 15 juillet.

Divers membres demandent s'il ne serait pas opportun de s'occuper dès maintenant de l'organisation d'un train spécial, à la gare du Nord, pour aller à Liancourt, et de solliciter des diverses Compagnies une réduction de tarif, demi-place par exemple, pour tous les camarades de province qui viendront à Paris le 8 août prochain.

La Commission nomme, pour s'occuper de cette question toute spéciale, MM. Martin, Léon, et Furno.

Sont désignés, d'autre part, pour aller reconnaître les lieux à Liancourt, et faire en quelque sorte une répétition de la manifestation à faire : MM. Albaret, Arbel, Dietz et Trotabas.

M. Albaret demande à adjoindre à la Sous-Commission, précédemment nommée pour l'organisation de la fête à Liancourt, notre camarade M. Blondel, architecte.

qui est membre de la Commission du Centenaire, et dont la compétence nous guidera pour la décoration générale de la fête. — Adopté.

M. ARBEL propose en outre d'adjoindre, en dehors de la Commission du Centenaire, à la même Sous-Commission de Liancourt, M. Mesureur, entrepreneur de plomberie, qui est, dit-il, également très compétent en matière de décoration.

M. BARBIER désire avoir l'opinion de la Commission sur ce point, de savoir si l'on acceptera les invitations faites à des personnes étrangères à nos Écoles.

M. MIGNON *répond d'une manière générale*, que nous devrons restreindre no invitations à tous ceux qui tiennent de près ou de loin à nos Écoles, aux grands industriels amis, aux directeurs de services industriels, etc., mais que nous devrons bien nous garder, par l'esprit général de nos invitations, de donner, sans le vouloir, un caractère politique à notre fête du Centenaire. Il est par exemple absolument inopportun d'inviter le Conseil municipal, et les maires de Paris. Un de nos camarades a manifesté à l'Assemblée générale la crainte de voir notre démarche à la tombe du duc de La Rochefoucauld prendre une *tournure religieuse*. Eh bien, du côté de la religion, comme du côté de la politique, nous devons nous tenir sur une réserve absolument rigoureuse. Ne mêlons ni la religion ni la politique à une fête de camaraderie qui est notre fête à tous.

M. TROTABAS fait comprendre qu'il ne peut être question dans la restriction de notre camarade M. Mignon que du Conseil municipal de Paris, mais que le Conseil municipal de Liancourt, qui sera en quelque sorte notre amphitryon en cette ville, ne saurait être écarté de nos invitations par une mesure générale de principe.

La Commission exprime son avis entièrement dans le sens de M. Trotabas.

M. MIGNON dit que, pour aplanir toutes difficultés matérielles, la manifestation de Liancourt pourrait comporter, par exemple, l'envoi d'une députation officielle du Comité et de la Commission du Centenaire, députation à laquelle pourraient se joindre tous ceux qui désireraient, de leur pleine volonté, faire ce voyage de Liancourt. Il y a un haut intérêt à arrêter tout cela d'avance, pour qu'il n'y ait rien d'incertain ni d'aléatoire au dernier moment. Dans le cas où ce serait simplement une délégation qui se rendrait à Liancourt, il y aurait sans doute lieu de faire porter au compte général de la fête les frais de voyage et de séjour à Liancourt des divers membres de cette délégation.

M. BARBIER n'est pas du même avis; la caisse générale du Centenaire ne doit défrayer qui que ce soit du voyage à Liancourt; ce principe est bon pour ce qui est de la *plaque à poser* à la *ferme*, des *décorations* à *disposer* aux endroits voulus, etc., mais il faut que ceux qui iront à Liancourt payent leurs frais respectifs; sans cela on soulèverait des critiques difficiles à réfuter.

M. TROTABAS dit que, dans ces conditions, l'ensemble de la fête coûtera cher à ceux qui iront à Liancourt et à Paris.

M. MIGNON fait observer que parmi ceux de nos camarades qui se rendront à Liancourt, la plus grande partie seront des membres du Comité et de la Commission, et que ceux-là ont versé des dons volontaires qui les mettent à l'abri de toute critique fondée.

M. BARBIER préférerait voir une cotisation, si minime qu'elle fût, indiquée comme montant du voyage à Liancourt.

M. MIGNON considère que le voyage des délégués à Liancourt peut et doit être envisagé comme l'accomplissement d'une mission remplie dans l'intérêt et pour le bien général, qu'à ce titre c'est la communauté qui doit faire les fonds.

La Commission, sans exprimer de vote, manifeste son opinion dans ce sens.

M. DURENNE (ANTOINE) fait remarquer qu'on en revient maintenant à ce qu'il disait tout d'abord, à savoir que la véritable fête sera à Paris, et que l'on se contentera d'envoyer une délégation à Liancourt. C'est assurément ce qu'il y a de mieux à faire.

Sur les observations de divers membres qui demandent si on ira en un seul endroit de Liancourt, ou en plusieurs endroits; comment on s'organisera pour éviter la foule ou faciliter la circulation dans la ville, M. ARBEL répond que la Sous-Commission de Liancourt examinera tous ces points et fera des propositions à la Commission.

M. LE PRÉSIDENT propose en outre de procéder maintenant à la désignation des membres de la Sous-Commission pour l'organisation et l'exécution de la fête de Paris, banquet et soirée.

La Commission nomme membres de cette Sous-Commission : MM. Mignon, Furno, Durenne aîné, Suc, Barbier et Cahen.

M. TROTABAS, sur la proposition de M. Dietz, est nommé membre de la Commission du Centenaire.

La prochaine séance est fixée au vendredi 30 avril courant.

La séance est levée à 10 heures 1/2.

Le secrétaire : ALBERT CAHEN.

PROCÈS-VERBAL

DE LA SÉANCE DU 30 AVRIL 1880.

Présidence de M. ARBEL, sénateur, président de la Société;
M. CAHEN, secrétaire.

La séance est ouverte à 8 heures 1/2.

Présents : MM. Albaret, Arbel, Bazaille, Cahen, Dietz, Furno, Gaillot, Létuvée, Martin, Mignon, Suc et Trotabas.

M. Mesureur, adjoint à la délégation de Liancourt, assiste à la séance.

LE SECRÉTAIRE donne lecture du procès-verbal de la séance précédente, du 16 avril 1880, qui est adopté sans observations.

Il est ensuite procédé à l'analyse de la correspondance du 16 au 30 avril.

M. Morel s'excuse par lettre de ne pouvoir assister à la séance.

M. Guettier adresse également ses excuses; il soumet en outre à la Commission les épreuves de la préface à disposer en tête de la nouvelle édition de son livre sur l'*Histoire des Écoles nationales d'Arts et Métiers.*

M. Guettier demande à intercaler dans ce volume divers portraits, soit de nos fondateurs et bienfaiteurs, soit d'anciens présidents de notre Société, et notamment ceux de MM. le duc de La Rochefoucauld-Liancourt, le marquis de La Rochefoucauld, Flaud, Cadiat, Laurent, Delpech, etc.....

La Commission, consultée, pense qu'il conviendrait d'introduire seulement le portrait du duc de La Rochefoucauld-Liancourt.

M. le Président rend compte de l'examen topographique auquel s'est livrée la Sous-Commission de Liancourt, qui avait été précédemment désignée à cet effet. Il fait donner lecture, par le secrétaire, de la lettre suivante, à lui adressée, par la municipalité de Liancourt :

A MONSIEUR ARBEL,

SÉNATEUR, PRÉSIDENT DE LA SOCIÉTÉ DES ANCIENS ÉLÈVES DES ÉCOLES D'ARTS ET MÉTIERS,

Rue Vivienne, 36.

Monsieur le Président,

Les soussignés, adjoints et conseillers municipaux de la ville de Liancourt, connaissant le projet de la fête que la Société des Écoles des Arts et Métiers se propose d'organiser à l'occasion du Centenaire de la fondation des Écoles, se font les interprètes de la population entière de Liancourt en vous annonçant que cette détermination l'a profondément touchée, et qu'elle sera heureuse de joindre ses efforts aux vôtres pour donner à cette cérémonie toute la solennité qu'elle doit comporter.

Son plus grand désir, ainsi que la Commission municipale vous l'a déjà exprimé, serait que la fête soit complète à Liancourt; et, pour cela, on pourrait l'agrémenter par un festival-concert qui serait offert aux Sociétés musicales et orphéoniques des environs.

Afin de ne pas surcharger vos travaux, une Commission municipale pourrait se charger du soin de cette partie du programme, sauf à prendre votre avis sur les questions de détail.

En un mot, vous pouvez être assuré, Monsieur le Président, que le dévouement et le concours empressé de la population et du Conseil municipal de Liancourt vous sont complètement acquis.

Dans l'espoir que les vœux exprimés ci-dessus seront réalisés, les soussignés ont l'honneur de vous présenter, Monsieur le Président, leurs très humbles salutations.

Ed. Jolidon, J. Perot, Petit, Pinçon, Léon Barelle, Cuvinot, Mouilleron, Ponthieux, Picart, Malard, Tellier, Duchenne, Barbaut, Tixier A. Babeuille, Charton.

Sur l'invitation de M. le Président, M. Trotabas, rapporteur de la Sous-Commission de Liancourt, lit le rapport de cette Sous-Commission sur son voyage effectué mardi dernier. Ce rapport est ainsi conçu :

RAPPORT

DE LA SOUS-COMMISSION DE LIANCOURT.

SÉANCE DU 27 AVRIL 1880.

Dans sa *séance du 16 avril, la Commission du Centenaire avait délégué une* partie de ses membres : MM. Arbel, Dietz, Trotabas, Léon, Blondel, Albaret, auxquels, sur la proposition de M. Arbel, on avait adjoint M. Mesureur, à l'effet de se transporter aux divers points de la ville de Liancourt et des environs où doit avoir lieu la manifestation du Centenaire, juger du temps nécessaire pour accomplir ces trajets, se concerter avec la municipalité, pressentir ses dispositions et celles de la population et jeter ensuite les premières bases d'un programme définitif à soumettre aux résolutions de la Commission.

Convoquée pour le 27 avril à 10 heures du matin, la Sous-Commission ne s'est trouvée composée au départ que de MM. Arbel, Président, Mesureur et Trotabas, qui a été désigné comme secrétaire rapporteur.

Partis à 10 heures de la gare du Nord, nous n'arrivâmes à Liancourt qu'à midi, au lieu de 11 heures 35, par suite d'un retard éprouvé par le train.

Nous fûmes agréablement surpris de trouver au quai de la gare pour nous recevoir une députation composée de MM. Pinçon, adjoint, faisant fonctions de maire Pérot, ancien élève des Arts et Métiers, Jolidon, Petit, Godard, membres du Conseil municipal, et Seigre, ancien élève, ingénieur de la maison Albaret.

Le trajet de la gare au centre de la ville est de 25 minutes à pied.

Après un déjeuner qui nous a été offert par ces Messieurs, nous avons commencé à 2 heures l'accomplissement de notre tâche, en nous transportant au pied de la statue de La Rochefoucauld, située sur la place principale de la ville.

La députation qui nous avait reçus à la gare s'est tenue à notre disposition pendant toute la journée et nous a accompagnés partout où nous avons eu à porter nos pas; nous ne saurions trop reconnaître le gracieux empressement de ces personnes qui comptent parmi les plus notables du pays.

La statue est posée sur un piédestal en pierre, à la base duquel jaillissent quelques minces filets d'eau tombant dans une petite vasque. — Le tout est entouré d'une balustrade en fer. — En avant de la statue, la place offre le développement nécessaire pour contenir notre cortège et une partie de la population qui nous entourera.

La ferme dans laquelle le duc de La Rochefoucauld installa les premiers élèves destinés à recevoir l'enseignement professionnel est située sur une colline d'où le regard embrasse la magnifique vallée et les épais ombrages qui servent de cadre riant à la jolie petite ville de Liancourt.

Deux chemins suffisamment larges donnent accès de la ville à la ferme. — Le plus long, que nous avons pris en montant, s'élève en rampe douce; en marchant lentement, comme il faudra le faire quand nous serons en grand nombre, il nous a fallu 40 minutes pour aller à la ferme.

Chemin faisant, M. Pérot, notre grand doyen, sorti de l'École de Châlons en 1823, et ayant toujours habité Liancourt, nous a raconté divers épisodes qui se rattachent à la vie du duc de La Rochefoucauld, et qui ne seront peut-être pas sans intérêt pour la Commission.

Il nous a appris ainsi qu'en 1815, deux anciens élèves des Arts et Métiers, Cazalis et Cordier, vinrent s'établir à Saint-Quentin pour y installer un atelier de construction de machines à vapeur qui fut sans contredit l'un des premiers établissements de ce genre créés en France. Toujours prêt à venir en aide à ses pupilles, à encourager les créations industrielles, le duc de La Rochefoucauld leur donna une somme de 10,000 fr. qui aida puissamment à l'établissement de cette usine devenue ensuite l'une des plus prospères de la région.

A 2 h. 40 nous arrivions à la ferme. Une grande porte donne accès dans une vaste cour, à gauche de laquelle sont les bâtiments d'exploitation. — Au fond est un grand jardin qui occupe l'espace sur lequel était primitivement établi le modeste bâtiment qui fut le berceau des Écoles d'Arts et Métiers. Sur le mur du fond, seule face de cette ancienne construction qui subsiste encore, M. Pérot nous montra les traces très apparentes des anciennes ouvertures.

La Sous-Commission a été unanimement d'avis qu'il y a lieu de placer une inscription commémorative pour perpétuer le souvenir de l'idée féconde de l'enseignement professionnel qui a reçu là sa première application. D'un commun accord nous avons pensé aussi qu'il y a lieu de placer cette inscription à la porte d'entrée qui donne sur la route, afin qu'elle soit plus apparente. Cette porte se compose de deux piliers en pierre ayant chacun 65 centimètres de largeur et laissant entre eux une ouverture de 3m,35. Une forte traverse en bois surmontée d'un rang de moellons termine la porte dans le haut.

Deux moyens se sont offerts à notre pensée pour l'exécution.

Le plus simple consisterait à graver l'inscription sur une plaque de marbre fixée à l'un des piliers.

L'autre, moins économique, mais plus décoratif, serait de supprimer la traverse du haut et la remplacer par une sorte de frontispice surélevé et arrondi au milieu.

La partie centrale recevrait le médaillon en bas-relief du duc de La Rochefoucauld, l'inscription serait gravée en dessous.

Les avis de la Sous-Commission ayant été partagés à cet égard, elle se borne à indiquer à la Commission les deux solutions, en la priant de décider laquelle doit être adoptée.

La ferme appartient à M. Frémont, banquier à Paris; le propriétaire se trouvant en même temps que nous à Liancourt, notre Président lui a exposé nos vues et a obtenu l'autorisation nécessaire pour l'apposition de cette plaque.

Pour descendre de la ferme à la ville nous avons pris la deuxième voie, plus directe, mais plus raide : 10 minutes nous ont suffi. Ce chemin pénètre dans la ville par une rue où l'on remarque une file de petites maisons uniformes que le duc fit construire à son retour d'Angleterre.

Ce quartier porte encore le nom de Cadichon que lui avait donné son fondateur en souvenir du bourg anglais où il avait passé quelques années, et où il avait été l'objet du respect et de la considération de tous.

Il ne nous restait plus à faire alors que la visite au tombeau. — Nous avons pénétré dans le parc du château de La Rochefoucauld dont l'entrée est à une extrémité de la ville. — Le régisseur s'est mis à notre disposition : un quart d'heure après nous étions rendus auprès de la sépulture de l'homme de bien dont nous nous proposons d'honorer la mémoire par une manifestation solennelle.

Le tombeau est situé sur un petit terre-plein entouré d'une grille et ombragé par un bouquet d'arbres à l'une des extrémités du parc. On y arrive par une large et immense allée. Le monument est simple et d'un goût sévère qui inspire le recueillement. On pourra, s'il y a lieu et après avoir obtenu l'autorisation de la famille, y faire graver une inscription ou se borner à déposer à chacun des angles une belle couronne d'immortelles.

Le Président de la Sous-Commission pense que la manifestation au tombeau devrait être faite, non par toute la réunion des camarades présents à Liancourt, le jour de la fête, mais par une délégation.

Pour le tombeau, comme pour la ferme, nous pensons d'ailleurs que lorsque la Commission aura décidé la teneur et la forme des inscriptions, il sera nécessaire qu'elle nomme une délégation de deux ou trois membres pour en fixer et préparer l'inscription et la pose.

Pour donner satisfaction au désir exprimé par quelques camarades que la fête du Centenaire comportât une cérémonie religieuse, nous avons avec circonspection sondé le terrain auprès de la municipalité. L'accueil fait à cette ouverture a été assez froid, on ne nous a pas dissimulé que la population, toute prête à s'associer avec enthousiasme à la célébration du Centenaire, ne nous suivrait pas volontiers dans cette voie.

En conséquence votre Sous-Commission a été unanime à reconnaître que la manifestation de Liancourt doit être absolument dépouillée de tout caractère religieux.

Toutefois, si pendant notre présence dans cette ville la famille juge convenable de faire célébrer un service religieux à l'église qui est, d'ailleurs, une ancienne dépendance du château, nous n'aurons bien entendu à intervenir d'aucune façon, chacun de nous restant libre d'y assister ou de s'abstenir.

Votre Sous-Commission ne saurait trop insister sur l'impression favorable qu'elle a ressentie au sujet des bonnes dispositions de la Municipalité et du pays tout entier. Sans pouvoir préciser exactement la part que la commune et la population apporteront à l'éclat de cette fête, nous pouvons avancer que la gare, les abords de la ville, et les rues par lesquelles nous aurons à passer seront pavoisés et décorés pour la circonstance; il est même question de dresser des arcs de triomphe. La musique municipale travaille activement à préparer son répertoire. De nombreux corps de musique des communes environnantes viendront se joindre à elle et un festival musical sera organisé.

Les divers corps de pompiers des environs se donneront rendez-vous à Liancourt pour la circonstance.

D'autre part, d'après les renseignements que nous avons sommairement recueillis, les restaurateurs du pays pourront assurer le service de table nécessaire.

Nous savons tous que de la ferme de Liancourt, la première École professionnelle fut, vers 1799, transférée à Compiègne où elle prit le nom de Prytanée militaire, pour être ensuite définitivement transférée à Châlons sous le titre d'École d'Arts et Métiers, qu'elle porta pour la première fois. Nous vous proposons en conséquence d'examiner s'il n'y aurait pas lieu d'adresser une invitation spéciale à la municipalité de Compiègne.

En présence des dispositions que nous venons d'énumérer et qui lui paraissent de nature à faciliter grandement l'accomplissement de la fête projetée, supputant le temps indispensablement nécessaire aux diverses pérégrinations qu'il y a lieu de faire, et aux discours qui seront prononcés; considérant qu'il serait à peu près impossible d'être de retour à Paris assez tôt pour que l'on ait le temps d'aller se disposer à paraître convenablement dans un banquet qui aurait nécessairement un certain apparat; considérant enfin qu'il importe que dans cette manifestation sans précédent nous nous gardions avec soin de toute imitation qui ne pourrait qu'en diminuer la grandeur; que pour répondre au sentiment qui en a fait jaillir l'idée, il est indispensable, au contraire, de maintenir à cette fête le caractère d'originalité et d'élévation qu'elle tirera du lieu même où elle sera célébrée, votre Commission estime que la journée du 8 août doit être exclusivement consacrée à la fête de Liancourt.

La proposition qu'elle a l'honneur de vous soumettre ne lui parait pas, d'ailleurs, infirmer la résolution déjà votée qu'il y aurait fête à Liancourt et à Paris, car rien n'empêche que le banquet ait lieu à Paris le lendemain. Mais elle a la conviction que si un seul jour devait être consacré à cette double fête, la précipitation qu'il faudrait apporter dans l'exécution du programme nuirait au moins à l'une des deux parties sinon aux deux, et dans tous les cas à l'ensemble de la manifestation.

Un banquet devant avoir lieu à Paris, nous vous prions d'examiner s'il ne serait pas convenable d'y inviter des délégations des municipalités qui nous auraient donné leur concours pour la fête de Liancourt.

Dans l'hypothèse que notre proposition d'une unique fête à Liancourt, le 8 août, serait adoptée par vous, nous avons jeté sommairement les bases d'un plan de cérémonial avec évaluation approximative des frais: plan et évaluation qui recevront, d'ailleurs, toutes les modifications que vous jugerez nécessaire d'y apporter, et que nous indiquons ici uniquement comme base des délibérations que vous avez à prendre.

Dans la supposition que le nombre des manifestants partant de Paris pour

Liancourt serait d'environ 400, nous estimons qu'il serait plus avantageux et plus commode de s'entendre avec la Compagnie du chemin du Nord, pour avoir un train spécial à l'aller et au retour; nous estimons la dépense de ce chef à environ . . . . 2,000 fr.

Pour tenir compte des facilités à donner à ceux de nos camarades qui n'arriveraient de province que par les trains du matin, nous avons pensé que nous ne devions guère partir avant 8 heures 1/2, ce qui nous ferait arriver à la gare à 10 heures, et en ville à 10 heures 30.

Les petites cérémonies préliminaires de réception à la gare prendront au moins une demi-heure, nous atteindrions ainsi 11 heures ou 11 heures 1/2, heure à laquelle il faudrait procéder à un déjeuner sommaire, mais indispensable : ajoutant à ce repas celui du soir, plus copieux et servi avec la recherche voulue pour la circonstance, nous évaluons la dépense à 15 francs par personne, soit pour 500 personnes en y comprenant une centaine d'invités 7,500

Vu les facilités que nous offrira la saison et la difficulté de trouver une salle pour 500 convives, nous avons supposé qu'on préférerait dîner en plein air; nous évaluons la location et la mise en place des tentes et autres installations nécessaires et l'éclairage à 2,000

La somme affectée aux plaques commémoratives, inscriptions, couronnes au tombeau, est évaluée à 1,500

Médailles en bronze à faire frapper pour les donner à chacun de nos camarades présents à la fête, aux notables invités, à la municipalité de Liancourt et aux corps de musique, 500 médailles à 5 francs. 2,500

Vous estimerez sans doute qu'il est bon que notre court séjour à Liancourt soit marqué par un acte de libéralité envers les nécessiteux; une somme de 1,000 francs pourrait être donnée ainsi, tant aux pauvres de la ville qu'à l'hospice dont la création est due, d'ailleurs, aux ascendants de la famille de La Rochefoucauld, ci. 1,000

La fête nous paraîtrait pouvoir être terminée le soir avec quelque éclat par un feu d'artifice, dont nous évaluons la dépense à environ 3,000

Frais imprévus. 500

Nous arrivons ainsi à un total de. . . . . 20,000 fr.

En supposant qu'à cette époque le chiffre de la souscription s'élève à 37,000 fr., ce qui ne paraît pas une espérance exagérée, il resterait disponible une somme de 16 à 17,000 francs dont les intérêts pourraient être consacrés à des prix annuels qui perpétueraient le souvenir du Centenaire. Une somme annuelle de 300 francs pourrait être allouée à chacune des trois Écoles d'Arts et Métiers comme prix aux élèves les plus méritants, ou recevoir une autre destination, telle que prix au meilleur ouvrage publié par un ancien élève, encouragement à une invention utile, etc. La réalisation de cette idée, qui a été déjà émise par plusieurs de nos camarades, nous paraîtrait couronner dignement le solennel hommage rendu à la mémoire de l'illustre fondateur de nos Écoles et serait en outre la meilleure manière de faire participer à cette louable cérémonie ceux de nos camarades qui n'auraient pu y assister.

Paris, le 27 avril 1889.

Le rapporteur : TROTABAS.

M. ALBARET s'excuse auprès des membres de la Sous-Commission de n'avoir pu se trouver à Liancourt, le jour de leur visite.

M. DIETZ s'excuse également de n'avoir pu se rendre à la convocation de la Sous-Commission.

M. MIGNON demande où en est, la souscription.

M. VÉLUT, agent de la Société, donne communication du total de cette Souscription, qui s'élève environ à 35,000 fr. pour 900 Souscripteurs.

M. MIGNON dit que le rapport de la Sous-Commission, qui vient d'être lu par notre camarade Trotabas, est en contradiction absolue avec les précédentes décisions de la Commission. Il avait toujours été entendu tacitement, et à la dernière séance on a même en quelque sorte décidé que la grande fête de notre Centenaire aurait lieu à Paris le 8 août au soir, et que l'on ferait ce qu'il serait simplement possible de faire à Liancourt, sous la forme d'une manifestation quelconque.

M. MARTIN développe la même thèse, et donne son avis absolument dans le sens de notre camarade M. Mignon.

M. TROTABAS dit que la fête de Paris sera surtout un banquet dont les frais seront payés par la cotisation individuelle des assistants. Que fera-t-on alors avec le reliquat provenant de la souscription volontaire?

M. MARTIN maintient que le rapport de la Sous-Commission a déplacé le terrain adopté jusqu'ici pour la discussion. La Commission a toujours entendu faire le gros de la fête à Paris, et l'accessoire à Liancourt, tandis que maintenant on veut nous proposer de faire la fête à Liancourt, et l'accessoire à Paris. Tout est renversé! Tout est remis en question!

M. LE PRÉSIDENT dit qu'en tout cas si l'on tient à faire quelque chose de bien à Liancourt, c'est matériellement un jour complet qui est nécessaire.

M. MARTIN fait observer que si l'on acceptait les conclusions de la Sous-Commission, tout notre programme serait modifié. Nous ne serions plus d'accord avec les circulaires, d'après les termes desquelles on a versé l'argent.

M. MIGNON rappelle encore le procès-verbal de la dernière séance, au cours de laquelle il a été bien arrêté, après une discussion complète de tous points, que la partie principale de la fête aurait lieu à Paris, et qu'on enverrait simplement à Liancourt, aux frais de la Souscription, une délégation, à laquelle pourraient d'ailleurs se joindre ceux qui le voudraient.

M. MESUREUR reprend les termes du rapport de la Sous-Commission et conclut en disant que la solennité à faire à Liancourt devra matériellement absorber la journée entière du 8 août.

M. BAZAILLE appuie M. Mesureur, et dit qu'en faisant notre fête à Liancourt, on ne pourra nous taxer d'imitateurs.

M. DIETZ pense qu'il y a une décision qui est formellement prise, et dont on ne peut se départir maintenant en aucune façon; c'est qu'il y aura deux parties de la fête : une à Liancourt qui sera ce qu'elle pourra être, mais une autre aussi à Paris, et celle-là indispensable. Les circulaires que nous avons envoyées aux camarades ne laissent aucun doute à cet égard.

M. Cahen relit le passage de la dernière circulaire qui a trait aux deux parties distinctes de la fête; il reproduit en outre l'impression bien manifeste de la Commission à la dernière séance, à savoir : qu'il était bien entendu que la Sous-Commission que l'on désignait pour aller à Liancourt devait prendre pour base de son examen la nécessité de ne pas nuire à la fête du soir à Paris. Il s'agissait purement et simplement de voir sur place ce qu'on pourrait faire et ne pas faire, où l'on irait et où l'on n'irait pas, mais cela surtout dans le but d'être prêt à temps pour le banquet et la fête du soir à Paris.

M. Martin partage absolument cette opinion et répète que maintenant, si l'on adopte le rapport de la Sous-Commission, tout le programme sera renversé.

M. Dietz discute les chiffres signalés dans le rapport de la Sous-Commission et pense qu'on pourra arriver avec une somme bien moindre.

M. Fuzno dit que si la manifestation à Liancourt prend les proportions qu'on veut lui donner, la fête de Paris devra forcément être remise au lendemain, c'est-à-dire au lundi.

M. Mignon pense qu'avant de rien arrêter il sera indispensable de faire un budget ou un projet de budget, soit pour Liancourt, soit pour Paris. C'est seulement après cela que l'on pourra utilement discuter et décider les deux parties de la fête.

M. Mesureur parle de nouveau sur les termes de la circulaire; on y emploie le mot de *solennité* à célébrer à Liancourt. Si l'on veut que ce soit réellement une *solennité*, toute la journée du dimanche 8 août sera nécessaire.

M. Mignon pense qu'en tout cas les ressources ne seront pas suffisantes pour nous permettre de faire deux grandes fêtes à Liancourt et à Paris. Il faudra forcément sacrifier l'une pour l'autre, ou tout au moins faire de l'une la véritable fête, et de l'autre l'accessoire. Ne pourrait-on pas, par exemple (ce sera d'ailleurs à examiner), faire une grande fête à Liancourt, et un petit banquet en famille à Paris?

M. Martin est de l'avis de M. Mignon; ce sera ou Liancourt ou Paris, qui sera le lieu de la fête, mais on ne peut prétendre faire deux grandes fêtes.

M. Trotabas ne partage pas l'opinion émise par MM. Martin et Mignon : rien n'empêche que l'on fasse deux fêtes, cela a d'ailleurs été formellement décidé.

M. Mignon croit qu'on se ferait illusion si l'on comptait sur beaucoup de camarades à Liancourt. De toute façon on peut être au contraire certain d'avoir peu de monde; les camarades viendront facilement et ardemment à Paris, peu se décideront à aller à Liancourt. C'est du moins ce qui ressort de ce que l'on entend dire de toutes parts parmi nos camarades.

M. Albaret a eu l'occasion de voir récemment M. Hervé-Mangon, Directeur du Conservatoire national des Arts et Métiers, qui lui a donné l'assurance que si rien ne venait l'en empêcher, il ne voyait aucun inconvénient à aller à Liancourt pour assister à la manifestation que nous nous proposons d'y faire. Nous pouvons, d'autre part, être certains que la plupart de nos invités ne demanderont pas mieux que de venir à Liancourt.

M. Mesureur pense qu'il sera certainement difficile de faire à la fois une fête à

Liancourt le jour, et d'assister à un banquet le même soir à Paris, mais qu'il ne faut pas considérer cela comme impossible.

M. Trotabas maintient que le rapport de la Sous-Commission ne change rien au programme jusqu'ici implicitement arrêté.

M. Mignon et M. Martin pensent que l'on pourrait se rallier à la proposition qui consiste à faire une seule fête à Liancourt, mais alors il faudrait donner à cette fête tout l'éclat qu'elle comporte de façon à lui maintenir un caractère tout à fait spécial. On abaisserait en outre la cotisation le plus possible pour avoir le plus de camarades.

En tout cas, comme la décision à prendre est très grave, et que la Commission s'était prononcée dans un sens tout opposé, à la dernière séance, M. Mignon estime qu'il est impossible, à cause de l'absence d'un grand nombre de membres de la Commission, de prendre aujourd'hui une décision efficace. Il faut convoquer d'urgence tous les membres de la Commission, pour le samedi 8 mai, par exemple, et indiquer à l'ordre du jour la grave question sur laquelle il y aura lieu de statuer définitivement.

Cette proposition est acceptée; la prochaine séance est fixée, en conséquence, au samedi 8 mai prochain.

M. Furno dit qu'il a vu la Compagnie d'Orléans, au sujet de la réduction à obtenir pour nos camarades. Il a été entendu qu'il nous suffira de demander cette faveur qui nous sera accordée sans coup férir.

M. Martin verra également la Compagnie de l'Est; il s'excuse de ne pas l'avoir encore fait, en disant qu'il ignorait absolument que la Commission l'en eût chargé à l'une des séances précédentes.

La séance est levée à 10 heures 1/2.

Le Secrétaire : Albert Cahen.

PROCÈS-VERBAL

DE LA SÉANCE DU 8 MAI 1880.

Présidence de M. Martin, président honoraire de la Société;
M. Cahen, secrétaire.

La séance est ouverte à 8 heures 1/2.

Présents : MM. Ch. Armengaud, Barbier, Bazaille, Blondel, Cahen, Dietz, Furno, Gaillot, Léon, Létuvée, Martin, Mignon, Poulot, Sue et Trotabas.

M. Mesureur, adjoint à la délégation de Liancourt, assiste à la séance.

Le Secrétaire donne lecture du procès-verbal de la séance précédente, du 30 avril, qui est adopté sans observation.

M. Léon rend compte des démarches qu'il a faites auprès de l'administration du Chemin de fer de Lyon : la demi-place est accordée à tous nos camarades qui justifieront de leur qualité d'ancien élève, souscripteur au Centenaire.

M. Martin dit que la même faveur avait été accordée à l'École centrale.

M. Léon est heureux de faire part à la Commission de l'accueil tout sympathique qui a été fait à notre demande; les administrateurs du Chemin de fer de Lyon ont manifesté les meilleures dispositions à l'égard de tout ce qui touche à nos Écoles, pour lesquelles ils professent la plus grande estime.

M. Trotabas est chargé par notre Président d'excuser et de motiver son absence. Notre honorable Président a pensé que, son opinion personnelle bien arrêtée étant parfaitement connue des divers membres de la Commission, sa présence aurait pu exercer une certaine influence sur les décisions qu'il y a lieu de prendre.

M. le Président donne l'analyse de la correspondance, qui se résume comme suit : MM. Albaret, Armengaud aîné, A. Durenne, Guettier, s'excusent de ne pouvoir assister à la séance.

M. Albaret adresse une biographie authentique de M. le duc de la Rochefoucauld, extraite des archives de la commune de Liancourt.

M. Junius Pérot, auteur de ce travail, demande à être autorisé à lire, sous forme de discours, cette biographie devant la statue du duc.

M. Albaret fait part du désir de M. Pazurdaki, successeur de Philippe Latour, à Liancourt, d'être invité à se joindre avec ses ouvriers (1,000 environ) au cortège de la fête du Centenaire.

La Commission, sur ces deux derniers points, est d'avis, 1° que l'on accuse réception à M. Pérot, en le remerciant, sans toutefois prendre de décision, puisque les discours à prononcer devront être discutés et arrêtés en temps par la Commission; 2° qu'il n'y a pas lieu de faire une invitation spéciale à M. Pazurdaki, qui n'est pas ancien élève, attendu que toutes les personnes qui voudront se joindre à nous à Liancourt, soit individuellement, soit en corporations, seront les bienvenues et jouiront de la plus entière liberté d'action, à la condition de rester dans le programme que nous aurons arrêté à l'avance.

M. le Président expose le but de la séance et résume l'impression qui est restée à la suite du rapport de la Sous-Commission de Liancourt.

Divers membres demandent une nouvelle lecture de ce rapport.

M. Trotabas, sur l'invitation de M. le Président, défère amicalement à ce désir.

M. le Président ouvre alors la discussion en donnant la parole à M. Léon.

M. Léon pense que tout ce qui a été fait jusqu'à ce jour par la Commission doit être considéré seulement sous la forme de projet, mais qu'aucune décision n'a été irrévocablement prise. On ne pouvait en effet rien arrêter avant d'avoir eu connaissance à la fois du rapport de la Sous-Commission de Liancourt et de celui de la Sous-Commission de Paris.

M. Mignon explique qu'il est bien entendu que toutes les décisions sont remises en question et que la Commission est libre de faire ce qu'elle voudra, à la condition de rester absolument dans les termes du programme accepté à l'Assemble générale et confirmé par les circulaires déjà envoyées.

M. POULOT croit qu'il est indispensable qu'il en soit ainsi, sans quoi la réunion de ce soir n'aurait pas de raison d'être. En tout cas, puisque le rapport de la Sous-Commission de Liancourt conclut à l'impossibilité matérielle de faire deux fêtes le même jour, à Liancourt et à Paris, et que d'autre part nous sommes engagés envers les souscripteurs à faire deux manifestations bien distinctes, faisons une fête à Liancourt d'abord, et une fête à Paris le lendemain ou *vice versa*.

M. MARTIN estime que la fête de Paris absorberait la presque totalité des fonds disponibles; les camarades de province désirent qu'il reste quelque chose du Centenaire, ne serait-il pas bon de faire une fondation quelconque qui reste. D'autre part, il y a beaucoup de jeunes gens qui n'auront pas deux jours à leur disposition; il serait convenable alors de faire, par exemple, la fête principale à Liancourt et le lendemain un petit banquet à Paris, ledit banquet facultatif et par souscription.

M. LÉON dit que la fête du Centenaire doit être organisée en vue d'y faire venir le plus grand nombre de camarades. Voulons-nous faire une seule fête ou deux fêtes? Qu'on décide cela d'abord, et l'on verra ensuite s'il n'y a réellement pas possibilité de disposer le tout dans une même journée. La question est donc bien posée.

M. DIETZ pense que nous tournons autour d'une question de finance; si nous avions cinquante mille francs au lieu de trente-cinq mille, on pourrait faire deux fêtes; mais, dans les conditions actuelles, il vaut mieux ne faire qu'une seule fête à Liancourt. Que la fête de Paris ne soit que facultative et non pas obligatoire!

M. BARBIER est de l'avis de M. Léon lorsqu'il dit que notre Centenaire doit réunir le plus grand nombre possible de camarades; ce qu'il faut, c'est surtout affirmer nos Écoles. Nous ne faisons pas une fête La Rochefoucauld, c'est la fête de nos Écoles. Or, s'en tenir à la manifestation de Liancourt, c'est restreindre le cadre de notre Centenaire et le transformer en une fête pour la famille de La Rochefoucauld. C'est à Paris que doit se faire la vraie fête du Centenaire; la plupart de nos camarades se sont bercés dans cette idée, il y en a même beaucoup qui attendent cette circonstance pour venir à Paris. Les invitations que nous avons à faire ne peuvent vraisemblablement pas avoir trait à notre pèlerinage de Liancourt. Nous ne voulons pas faire non plus une fête pour la municipalité de Liancourt; nous voulons rendre un hommage solennel au fondateur de nos Écoles, et rien de plus. D'un autre côté, il ne faut pas compter disposer la fête à cheval sur deux ou plusieurs jours; cela n'est pas possible pour la presque totalité de nos jeunes camarades qui n'ont ni le temps ni l'argent nécessaires. Enfin la ville de Liancourt est insuffisante pour recevoir tout le monde; d'ailleurs il faut aussi envisager que s'il pleut dans la journée du 8 août et si l'on s'en tient à Liancourt, tout notre Centenaire est perdu, ce qui n'aura pas lieu pour Paris. Enfin, on a pris des engagements à l'Assemblée générale dernière, et il faut bien que le Comité d'abord et la Commission ensuite restent dans le cadre qui a été tracé. On a dit dans les circulaires : *solennité* à Liancourt et *fête* à Paris; tous les camarades de province considèrent donc la fête de Paris comme le principal et la solennité de

Liancourt comme l'accessoire; de toutes parts ils disent qu'ils iront à la fête de Paris, et ils ménagent le *peut-être* dubitatif pour Liancourt.

M. MESUREUR est d'un avis tout opposé à celui de M. Barbier. C'est à Liancourt seul que doit se faire notre Centenaire. C'est là qu'a eu lieu la fondation, c'est là qu'on doit venir fêter le centième anniversaire de cette fondation. C'est comme cela que nous donnerons à notre Centenaire le caractère tout particulier qu'il doit comporter. Notre Centenaire doit avoir lieu au berceau de nos Écoles. C'est le pays où a vécu le fondateur, tous les biens de la famille de La Rochefoucauld sont à Liancourt. Si l'on fait la fête à l'Hôtel Continental, on supprime de ce fait tout le caractère de notre Centenaire. Quant aux ressources dont a parlé M. Barbier, il n'y a pas lieu de s'en préoccuper; Liancourt est une ville de 5,000 habitants, et la municipalité de cette ville a donné l'assurance que l'on ferait tout le nécessaire. Le plus grand nombre de camarades ira parfaitement à Liancourt, quoi qu'on en ait dit; c'est donc à Liancourt que nous devons faire la principale, la seule fête de notre Centenaire.

M. LÉON, tout en manifestant la plus grande déférence à l'égard du Comité et de la Société, désire qu'il soit bien entendu que, lorsqu'il a accepté de faire partie de la Commission du Centenaire, il n'avait pas encore donné sa nouvelle adhésion à la Société et que par conséquent il doit être considéré comme le représentant naturel des anciens élèves qui ne font pas partie de la Société et qui n'ont dès lors rien à discuter avec le Comité. Cela posé, il demande si la Sous-Commission de Paris a fait également son rapport et quelles en sont les conclusions.

M. MIGNON répond que la Sous-Commission de Paris n'a pas de rapport à faire, sa mission consiste plutôt à préparer simplement le détail du programme de la soirée et à en faire le devis. Cela ne pouvait être fait qu'après la séance de ce soir.

M. BARBIER, revenant sur le fond de la discussion, dit qu'il est allé récemment lui-même à Liancourt, et il maintient que cette ville n'offre pas les ressources nécessaires. Quant aux décisions prises jusqu'alors, il est vrai de dire qu'il n'y en a pas eu d'irrévocablement votées, mais jusqu'au jour de la dernière séance tout suivait son cours dans une même voie bien définie, quoique sous-entendue, à savoir que l'on ferait une simple manifestation à Liancourt et que notre grande fête aurait lieu le soir à Paris. C'est l'esprit général de la grande majorité de la Société, c'est ce qui a été consacré à la dernière Assemblée générale, c'est ce que nous avons dit dans les précédentes circulaires, et il n'y avait plus à y revenir, lorsque, brusquement, à la dernière séance, toute la question a été renversée, au grand étonnement de tous.

M. MIGNON dit que l'on pourrait discuter longtemps de cette façon sans arriver à aucune solution; il croit que la plupart des jeunes gens ne pourront assister avec tout l'éclat désirable à une fête donnée à Paris; il y a là une question de costume de laquelle on ne saurait se départir. D'autre part, la fête de Liancourt attirerait vraisemblablement un grand nombre de jeunes camarades, mais il ne faut pas non plus se dissimuler qu'il y aura néanmoins de ce côté de grandes difficultés à surmonter.

M. POULOT demande que chacun des membres de la Commission donne individuellement son avis sur la question.

Cette proposition n'est pas acceptée.

M. Léon renouvelle la demande qu'il avait faite au début de la séance, de la rédaction d'un programme par la Sous-Commission de Paris; c'est seulement ainsi que nous saurons où nous conduirait la fête de Paris.

M. Mignon répond qu'il est facile de faire une estimation pour Paris en fixant par exemple le prix de revient de la soirée à 30 francs par tête, et en faisant payer le banquet par la souscription.

M. Furno pense que nous aurons beaucoup de jeunes gens à Liancourt si l'on ne fait rien payer pour le déjeuner ni pour le voyage.

M. Gaillot dit qu'il a consulté un grand nombre de camarades sur la question, et que l'avis a été unanime : tout le monde veut une fête à Paris, qu'il y ait ou non une manifestation à Liancourt.

M. Bazaille répond par la contre-partie, en disant qu'il a également vu un grand nombre de nos camarades, qui ont été tous favorables plutôt à Liancourt qu'à Paris.

M. Trotabas parle dans le même sens que M. Bazaille.

M. Létuvé propose de faire d'abord la fête de Paris le dimanche 8 août par un banquet et une soirée à l'Hôtel Continental ou ailleurs, et d'aller seulement le lundi à Liancourt. De cette manière on aurait certainement beaucoup de monde.

Divers membres de la Commission appuient cette proposition.

M. Barbier ne croit pas qu'il y ait impossibilité à faire tout le même jour; en partant de Paris par exemple à 9 heures du matin, on serait à la statue à 11 heures. On déjeunerait rapidement, après quoi on se rendrait à la ferme pour revenir ensuite à Paris facilement vers 4 heures.

M. Dietz pense que l'on pourrait même, au besoin, partir de Paris à 7 heures du matin.

M. Barbier maintient qu'il faut absolument tout faire le même jour, que les deux Sous-Commissions s'entendent à cet effet.

M. le Président met aux voix la question suivante : « La fête du Centenaire devra-t-elle être effectuée en un seul jour ou en deux jours successifs? »

A l'unanimité, moins une voix et une abstention, la Commission décide qu'il n'y aura qu'un seul jour de fête.

M. le Président invite l'agent de la Société à réunir à bref délai les deux Sous-Commissions de Liancourt et de Paris pour qu'elles s'entendent sur la répartition de la journée de façon à tout concilier.

M. Poulot offre de remettre à la Sous-Commission de Paris tous les documents qu'il possède sur l'organisation des fêtes à l'Hôtel Continental.

Cette proposition est acceptée avec empressement.

M. Blondel, qui est de la Sous-Commission de Liancourt, n'approuve en aucune façon les conclusions du rapport de cette Sous-Commission; son avis est que la grande fête du Centenaire doit être à Paris.

On convient que les deux Sous-Commissions de Liancourt et de Paris seront convoquées pour lundi prochain, à l'effet de s'entendre définitivement sur la question, et d'arrêter les termes de la circulaire qui est en souffrance depuis un mois.

Le Secrétaire donne lecture des noms des divers membres des deux Sous-Commissions.

M. Mignon dit que précédemment on avait décidé que la cotisation serait de 20 francs pour le banquet : ce chiffre est-il maintenu ?

M. Léon ne voudrait pas que l'on fixât le chiffre de 20 francs dès aujourd'hui, il préférerait que l'on s'en remît pour cela à la sagacité des deux Sous-Commissions réunies.

La Commission manifeste son opinion dans le sens de M. Léon, et il demeure ainsi entendu que les deux Sous-Commissions vont se réunir, qu'elles s'entendront sur l'emploi du temps et qu'elles arrêteront définitivement les termes de la circulaire qui est en suspens.

M. Martin, Président, fait observer que, lors de la fête du Centenaire de l'École centrale, la soirée avait été bien distinctement divisée en deux parties, le banquet et la fête artistique; le banquet était limité à ceux qui avaient payé leur cotisation et aux invités; la fête, au contraire, était offerte à tout le monde, c'est-à-dire à tous ceux qui avaient souscrit au Centenaire, quel que soit le montant de leur souscription. Nous ferons de même.

La séance est levée à 10 heures 1|2.

Le secrétaire : Albert Cahen.

SOUS-COMMISSIONS DE LIANCOURT ET DE PARIS RÉUNIES.

PROCÈS-VERBAL

DE LA SÉANCE DU 10 MAI 1880.

Présidence de M. Mignon, ancien président de la Société; l'agent de la Société faisant fonctions de secrétaire.

La séance est ouverte à 8 heures 1/2.

Présents : MM. Barbier, Blondel, Cahen, Durenne aîné, Furno, Mignon, Suc et Trotabas. — M. Mesureur, adjoint à la Sous-Commission de Liancourt, assiste à la séance.

M. le Président remet en délibération la question suivante : peut-on faire deux fêtes dans la même journée?

M. Mesureur pense qu'il faut examiner d'abord ce qu'il est possible de réduire de la fête de Liancourt afin de gagner du temps, puis apprécier ce qui restera de disponible et comme temps et comme argent.

M. Cahen dit qu'avant d'entamer la discussion, il veut remercier la Sous-Commission de Liancourt des sentiments de conciliation dont elle donne la preuve. Il ajoute qu'il en est d'autant plus heureux que, pour lui, la fête à Paris est utile, indispensable; que, d'ailleurs, la Commission s'y est engagée et, qu'enfin, le procès-verbal sténographique de l'Assemblée générale du 8 février dernier relate tous les vœux qui ont été exprimés dans le sens d'une fête à Paris.

M. le Président donne connaissance d'un tableau qui a été dressé sur les indications fournies à l'agent par la Compagnie du chemin de fer du Nord, duquel il résulte qu'un train spécial pourrait être mis en marche, au départ de Paris, à 8 heures 55, et, pour le retour, de Liancourt à 4 heures 15 du soir.

M. Blondel demande s'il n'y aura qu'un dîner à Paris, et fait observer que si ce dîner doit réunir plus de 250 convives, il faudra retenir deux salles.

M. Barbier dit que le banquet peut être terminé à 9 heures 1/2 et qu'une soirée artistique, commençant à 10 heures peut, sans inconvénient, se prolonger jusqu'à 1 heure du matin. Il demande que M. Blondel veuille bien se joindre à la Sous-Commission de la fête de Paris. — Adopté.

M. le Président insiste pour qu'une nouvelle circulaire soit envoyée; elle devra indiquer le 30 juin comme dernière limite pour les différentes adhésions à envoyer.

M. Mesureur tient à constater de nouveau que les conclusions du rapport de la Sous-Commission de Liancourt ne rejetaient pas le projet d'une fête à Paris; ce rapport signalait seulement le défaut de temps.

M. le Président est partisan de la fête à Liancourt, à la condition toutefois que cette fête conservera le caractère qui lui convient. Il faut bien étudier la question, dit-il, il ne faut pas que nous disparaissions dans le nombre.

M. Mesureur soutient que l'examen de toutes ces questions a été fait avec le plus grand soin et que ce sont les populations qui nous font honneur en demandant à se joindre à nous pour rendre hommage au fondateur de nos Écoles.

M. Cahen serait d'avis que la Commission laissât une somme aux pauvres de la ville de Liancourt en souvenir de la fête du Centenaire.

M. le Président, après cet échange d'observations, demande à en revenir à l'examen de la première question et pense que pour cela, il faut suivre le rapport de la Sous-Commission de Liancourt, et faire largement le décompte du temps nécessaire aux diverses phases de la solennité.

Il est procédé à cet examen :

Arrivée à Liancourt.		10 h. 05.
Réception à la gare, formation du cortège. .	25 minutes.	
Départ de la gare.		10 h. 30.
Trajet de la gare à la statue, maximum . . .	30 minutes.	
Arrivée au pied de la statue.		11 h. 00.
Placement, musique, discours.	1 heure.	

Départ pour le déjeuner.		12 h. 00.
Temps pour déjeuner.	1 h. 30	
Départ pour la ferme.		1 h. 30.
Trajet pour aller à la ferme, maximum. . .	40 m.	
Arrivée à la ferme.		2 h. 10.
Inauguration de la plaque commémorative, visite de la ferme.	30 m.	
Départ de la ferme pour Liancourt.		2 h. 40.
Trajet pour le retour, maximum	20 m.	
Arrivée à Liancourt.		3 h. 00.

Le départ pour Paris ayant lieu à 4 heures 15, il reste, pour imprévu, 1 heure 15 minutes.

M. LE PRÉSIDENT émet l'avis que l'on pourrait peut-être se rendre de suite à la ferme et revenir au pied de la statue, pendant qu'une délégation seule, par un sentiment de discrétion, se rendrait au tombeau du duc de La Rochefoucauld, situé dans le parc du château de Liancourt.

M. MESUREUR fait observer que la topographie de la localité ne permet pas de se rendre à la ferme sans passer devant la statue et que, dans ces conditions, il faut de toute nécessité commencer par la cérémonie au pied de la statue.

M. LE PRÉSIDENT met aux voix ce programme du temps à consacrer à la fête de Liancourt. Le programme est adopté par 7 voix sur 9 commissaires présents.

MM. MESUREUR et TROTABAS déclarent qu'ils reconnaissent qu'il y a bien le temps nécessaire pour les deux fêtes dans la même journée, mais ils s'abstiennent d'approuver, par un vote, la fête du soir à Paris.

M. TROTABAS ajoute que, quant à lui, il n'était pas opposé à une fête à Paris, mais qu'il aurait voulu voir donner plus d'ampleur à la fête de Liancourt.

M. VÉLET, afin de répondre aux questions qui lui seront posées par nos camarades, demande si le voyage et le déjeuner à Liancourt seront gratuits. — Il lui est répondu que cette question a été résolue *par l'affirmative* dans l'une des premières séances de la Commission à laquelle il n'assistait pas encore. — Le banquet seul sera payé par chaque souscripteur y assistant.

M. LE PRÉSIDENT, constatant qu'il est reconnu par le vote précédent que les deux fêtes peuvent avoir lieu dans la même journée, demande que l'on s'occupe de la fête à Paris ; il faut fixer le prix de la souscription au banquet et maintenir le prix de 20 francs précédemment adopté. Enfin il désire savoir si les Sous-Commissions peuvent arrêter ce prix?

M. TROTABAS pense que l'on doit attendre l'approbation de la Commission.

M. CAHEN croit que les deux Sous-Commissions représentent, par le nombre, une majorité suffisante pour prendre des décisions et que d'ailleurs nous avons pleins pouvoirs. Il résume ainsi les propositions faites :

1° Il y aura solennité à Liancourt, déjeuner et voyage par train spécial aux frais de la souscription.

2° Le soir, un banquet, dont la cotisation est fixée à 20 francs, sera suivi d'une soirée artistique à laquelle les souscripteurs seuls seront invités.

M. MESUREUR approuve surtout cette dernière condition d'être avant tout souscripteur pour être invité. La souscription étant facultative, il serait inutile d'inviter les camarades qui n'ont pas cru devoir contribuer, pour une somme aussi minime qu'elle soit, à la fête du Centenaire de nos Écoles.

M. BARBIER demande que des invitations soient faites à de grands industriels, aux Directeurs des chemins de fer, etc...

M. MESUREUR fait remarquer, sur le premier point, que l'on s'exposerait à faire des mécontents; il cite, à l'appui de son observation, l'exemple d'une Chambre syndicale qui invitait à ses fêtes des négociants divers en dehors de ses membres, et qui maintenant n'invite plus que le bureau des Chambres qui ont trait à la même industrie.

M. LE PRÉSIDENT, sur le second point, relativement aux Directeurs de chemins de fer, demande quel est le chef que l'on invitera? Il craint aussi des froissements, des susceptibilités et pense que là aussi il est préférable de s'abstenir. Ce qu'il admet parfaitement, ce sont des invitations faites aux principaux chefs de service des Écoles au Ministère, au Directeur du Conservatoire des Arts et Métiers, etc., etc.

M. CAHEN ajoute: aux bureaux de la Société des Ingénieurs civils, de la Société d'Encouragement, etc...

M. MESUREUR demande si, en payant, on pourra amener des étrangers au banquet. Il est répondu que personne ne sera reçu en dehors des invitations faites par la Commission; les anciens élèves souscripteurs seront seuls admis à payer leur cotisation.

M. TROTABAS croit qu'il faut laisser aux deux Sous-Commissions le soin de dresser la liste des invitations à faire pour le déjeuner à Liancourt et pour le banquet ou la soirée artistique à Paris.

M. BARBIER dit qu'il faut maintenant élaborer le programme de la soirée.

M. VÉLUT rappelle que M. Douau a déjà offert son concours pour l'organisation de la partie artistique de la fête de Paris.

La Sous-Commission de la fête de Paris s'ajourne au samedi 15 mai pour régler son budget.

M. MESUREUR répond à l'agent qu'il ne peut lui fixer une date pour convoquer la Sous-Commission de la fête à Liancourt avant d'avoir pris l'avis de M. Arbel.

La séance est levée à 10 heures.

L'agent de la Société faisant fonctions de secrétaire: VÉLUT.

PROCÈS-VERBAL

DE LA SÉANCE DU 10 JUIN 1880.

Présidence de M. MIGNON, ancien président de la Société; M. CAHEN, secrétaire.

La séance est ouverte à 8 heures 1/2.

Présents : MM. Barbier, Bassères, Bazaille, Cahen, Dietz, Durenne aîné, Furne, Gaillot, Martin, Mignon, Morel, Suc et Trotabas.

LE SECRÉTAIRE donne lecture du procès-verbal de la séance précédente, du 8 mai 1880, qui est adopté après quelques observations de MM. Bazaille et Dietz.

M. LE PRÉSIDENT donne lecture de la correspondance :

MM. Albaret et Léon s'excusent de ne pouvoir assister à la séance.

M. le duc Frank de La Rochefoucauld remercie la Commission de la proposition qui lui a été faite d'être membre honoraire de la Société, et déclare accepter.

M. Mignon adresse un avant-projet de programme, présenté par la Sous-Commission de Paris.

M. Charles (Auguste) et un anonyme signant : l'élève J. S., envoient des projets de programmes.

De la part d'un certain nombre de camarades, M. Pakyne demande si les adhérents au banquet auront le droit d'assister, sinon à la fête de Liancourt, du moins à la soirée artistique, sans avoir contribué à la souscription générale. La teneur des circulaires paraît les exclure.

M. LE PRÉSIDENT fait observer que l'idée qui a toujours dominé dans l'organisation de la fête, idée nettement indiquée dans les circulaires, c'est que le banquet serait facultatif et que la soirée artistique serait offerte aux souscripteurs seuls du Centenaire; cette distinction doit être maintenue.

M. BARBIER exprime la même opinion.

M. LE PRÉSIDENT dit que, dans la prochaine circulaire, on accentuera le droit exclusif des souscripteurs d'assister à la fête artistique, quelque minime que soit le chiffre de leur souscription ; on devra y indiquer formellement que, pour être admis à souscrire au banquet il faudra déjà être souscripteur au Centenaire.

M. LE PRÉSIDENT demande où en est le rapport modifié de la Sous-Commission de Liancourt.

M. TROTABAS, rapporteur de la Sous-Commission, donne lecture de ce rapport qui est ainsi libellé :

2e RAPPORT

DE LA SOUS-COMMISSION DE LIANCOURT.

SÉANCE DU 7 JUIN 1880.

Dans la séance du 5 juin, où, sous la présidence de M. Mignon, a eu lieu la réunion des deux Sous-Commissions du Centenaire, notre Sous-Commission, ayant été priée de fournir la liste spéciale d'invitations qu'il y aurait lieu de faire à Liancourt, s'est réunie le 7 juin chez son Président pour étudier cette question :

Étaient présents : MM. Arbel, Dietz, Mesureur et Trotabas.

D'un avis unanime nous avons jugé qu'il y avait lieu d'adresser des invitations :

1° à la municipalité de Liancourt.	20
2° à la famille de La Rochefoucauld.	5
3° au propriétaire de la ferme de la Faïencerie. . .	1
4° à la municipalité de Compiègne.	20
5° aux maires des communes voisines qui viendraient concourir avec celui de Liancourt à l'éclat de la fête	20
TOTAL. . . .	66

Si votre Sous-Commission a pu sans peine et sans discussion dresser cette liste d'invitations qui ne soulèvera sans doute aucune objection, il n'en a plus été de même quand il s'est agi de la nature de l'invitation à adresser.

Nulle difficulté n'existait sous ce rapport dans les conditions du premier programme qu'elle avait préparé à votre adoption. Ces personnes notables eussent été invitées à la cérémonie proprement dite, et au banquet du soir qui l'aurait terminée, et nous aurions pu les recevoir dignement.

Avec la résolution d'avoir le banquet le soir même à Paris, nous nous trouvons dans cette alternative : ou d'inviter ces personnes à un déjeuner sommaire, fait à la hâte, ce que nous ne trouverions digne ni de la qualité des personnes à inviter, ni de cette grande réunion d'anciens élèves, ni de la haute pensée qui doit présider à la manifestation; ou bien, de les inviter à nous suivre le soir à Paris pour assister au banquet, invitation fort peu pratique pour la grande majorité de ces personnes, et qui pourrait être interprétée comme peu sérieuse de notre part.

Cette difficulté que nous soumettons, Messieurs, à toute votre attention, nous amène à dire une dernière fois notre sentiment sur le programme, tel qu'il ressort de la dernière décision : celle de n'avoir qu'un seul jour de fête à Liancourt et à Paris.

Dans une réunion précédente des deux Sous-Commissions, notre programme ayant été examiné dans toutes ses parties, on a fait la supputation du temps nécessaire pour accomplir les diverses pérégrinations que nous proposons et qui ont été adoptées ; ces délais étant ramenés à leur plus stricte limite, nous avons été amenés à reconnaitre que la cérémonie proprement dite pourrait à la rigueur être terminée vers 5 heures du soir, et que, grâce au train spécial, on pourrait être de retour à Paris vers 6 heures 30.

Nous ne nous sommes point pourtant ralliés à l'idée du banquet à Paris le même soir, nous bornant à objecter que nous trouvions des inconvénients à cette succession immédiate des deux fêtes le même jour.

Et dans l'espoir de vous convaincre que nous ne sommes guidés en cela par aucun désir d'opposition systématique, qu'il nous soit permis d'appeler votre attention sur l'un de ces inconvénients qui nous paraît très sérieux.

Nos jeunes camarades surtout, et nous espérons qu'ils seront nombreux à Liancourt, ne s'imposeront pas, c'est tout naturel, une contrainte que ne comportent ni ces promenades dans la campagne, ni la chaleur probable de cette journée d'août; il faudra se rafraichir bien souvent, faire ensuite un voyage d'une heure et demie en chemin de fer, rentrer promptement chacun à son domicile, faire une nouvelle toilette, et se rendre en toute hâte au banquet. Là s'impose une nouvelle station de quelques heures devant une table copieusement servie, et où seront assis les invités de distinction que vous vous proposez de convier.

N'y a-t-il pas à craindre qu'après une journée si laborieusement remplie et si fertile en occasions de se rafraichir, quelques-uns de nos convives ne se départissent du décorum *qui sera absolument de rigueur dans ces circonstances* et devant de pareils invités ?

Et en admettant que ce manque de tenue beaucoup plus regrettable dans les salons de l'Hôtel Continental que sous les tentes de Liancourt ne se produise pas à table, n'y a-t-il pas lieu de le craindre pendant les quelques heures de la fête qui suivra le banquet et où un buffet bien servi conviera encore à de nombreuses libations ?

Autre inconvénient encore : la Sous-Commission de Paris admet que l'on puisse justement prendre sur les fonds de la souscription générale : 1° une somme de 5 francs par convive pour parfaire la cotisation spéciale au banquet ; 2° une somme de 6,000 francs que nous trouvons excessive pour le seul agencement de la salle de fête; 3° enfin les frais d'une fête artistique.

Ne craignez-vous pas que nos camarades de province, souscripteurs, mais non assistants, ne trouvent que les fonds de la souscription ne devraient pas servir à de tels genres de dépenses ?

Nous objecterait-on que nous ferions de même à Liancourt, nous répondrions que ce n'est point là une fête particulière que nous donnons, mais une mission pieuse en quelque sorte que nous accomplissons, et qu'il est fort juste qu'elle n'ait pas lieu aux frais des manifestants.

Le banquet de Paris pourrait au contaire, à bon droit, être considéré comme une fête particulière que se donnent les assistants, fête qui aurait le tort de paraître une imitation de ce que d'autres ont fait, et qui n'est pas dépouillée, ajouterons-nous, de tout caractère de vanité. Dans ces conditions, il nous paraitrait juste que, sauf la partie afférente aux invitations, les participants supportassent seuls les frais du festin.

La Sous-Commission de Liancourt, qui ne repousse pas d'ailleurs l'idée d'une fête à Paris, mais qui voudrait la voir consister en un seul banquet ayant lieu la veille ou le lendemain, persiste donc à penser que la vraie et grande fête qui doit seule ressortir de l'idée de célébration du Centenaire ne doit pas avoir d'autre théâtre que la ville de Liancourt; et pour aller au-devant des objections émises, elle insiste sur les considérations suivantes :

1° Que nous n'allons point là pour faire la fête de Liancourt, mais exclusivement celle du Centenaire de la fondation de nos Écoles dont cette ville a été le berceau;

2° Que la fête de la ville qui coïncidera avec la nôtre est une attention de la municipalité et du pays qui pensent nous faire un honneur en s'associant ainsi à notre manifestation;

3° Que nous ne faisons pas davantage la fête de la famille de La Rochefoucauld qui serait au contraire notre invitée;

4° Enfin, que notre programme est absolument exclusif de toute cérémonie ayant un caractère religieux.

Sous le bénéfice de ces observations, nous continuons à proposer la fête unique à Liancourt le 8 août, vous soumettant d'ailleurs un nouveau devis de dépenses modifié pour l'hypothèse du retour à Paris le soir.

Mais nous croyons devoir maintenir d'une manière absolue la proposition de réserver la somme nécessaire pour que les intérêts en soient annuellement affectés à la distribution d'un prix dit « du Centenaire », et cela afin de perpétuer le souvenir de cette manifestation qui nous fera le plus grand honneur, si nous savons lui maintenir le caractère qu'elle doit et peut avoir. Ce serait, selon nous, le meilleur moyen de reconnaître le généreux empressement avec lequel nos camarades absents ont participé à la souscription.

En terminant, et pour déférer au désir exprimé par son Président, la Sous-Commission est dans l'obligation de vous informer, Messieurs, que M. le Président est résolu à s'associer exclusivement à la cérémonie de Liancourt.

DEVIS MODIFIÉ

Déjeuner à Liancourt, y compris les invitations. . .	3,500 fr.
Train spécial.	2,500
Inscriptions commémoratives, couronnes.	3,000
Libéralités à l'hospice, aux pauvres de la commune.	1,000
Médailles commémoratives	2,500
Rafraîchissements	1,500
Tentes, agencement de la salle	3,000
Total.	17,000 fr.

Paris, le 10 juin 1880.

Le rapporteur : Trotabas.

M. Barbier, relativement aux craintes exprimées dans le rapport que des abus de boissons soient commis, tant à Liancourt qu'à Paris, est convaincu que ces craintes ne sont nullement fondées et que la dignité de la fête imposera à chacun la tenue et le respect.

M. Durenne aîné est de l'avis de M. Barbier.

M. le Président regrette vivement la fin du rapport qui manifeste la résolution du Président de la Société de s'associer exclusivement à la cérémonie de Liancourt; tous nos camarades, dit-il, prendront part à ces regrets.

M. Martin estime que la fin du rapport ne donne pas le dernier mot de cette question, et que la résolution de M. le Président de la Société n'est pas définitive.

M. Dietz affirme que la Sous-Commission de Liancourt ne cherchait nullement à faire revenir la Commission sur sa décision de faire une fête à Paris, comme on le lui a reproché; elle accepte la double fête de Paris et de Liancourt en un jour; toutefois elle croit devoir faire ses restrictions et insister sur les inconvénients du programme double; il est au-dessus de nos forces.

M. le Président reprend que tous les côtés de la question ont été soigneusement pesés et étudiés; la Commission a choisi la solution qui lui a paru la meilleure; la majorité ayant prononcé, on doit se ranger à son avis: d'ailleurs au début il n'était question que d'une délégation de quelques membres envoyés à Liancourt, on parlait alors de location de voitures pour le voyage, ce qui accusait bien l'idée d'un nombre restreint de voyageurs. Il faut en finir avec ces questions et s'en tenir au vœu de la majorité.

M. Dietz repousse de nouveau le reproche fait à la Sous-Commission de Liancourt de vouloir revenir sur la question entière; le devis présenté par la Sous-Commission et s'élevant au total de 17,000 francs est seul en discussion.

M. Martin dit que sur l'ensemble de la discussion on est d'accord et que les observations ne portent actuellement que sur la fin du rapport. M. le Président de la Société doit se trouver à la tête de l'une et l'autre fête.

M. Cahen donne lecture de la répartition des heures telle qu'elle a été déterminée par les deux Sous-Commissions réunies pour l'emploi du temps à Liancourt.

M. le Président dit que les deux budgets proposés peuvent parfaitement se concilier avec les ressources de la souscription (17,000 + 19,900), la question financière est donc écartée.

Lecture est donnée du rapport de la Sous-Commission de Paris; son devis s'élève à 19,900 francs; en voici d'ailleurs la teneur :

RAPPORT

DE LA SOUS-COMMISSION D'ORGANISATION

DE LA FÊTE DE PARIS.

La Sous-Commission d'organisation de la fête du Centenaire de la fondation des Écoles d'Arts et Métiers, spécialement chargée de la question de la soirée à donner à cette occasion, a pensé qu'il convenait de donner le plus grand éclat au banquet qui aura lieu le soir.

A cet effet, on aurait à faire de nombreuses invitations tant dans le monde officiel que dans celui scientifique, et elle n'estime pas à moins de 60 les personnes qui devraient être conviées et qui répondraient à l'invitation de la Société; c'est ce qui motive la somme de 1,200 francs portée à la note ci-jointe.

Pour le banquet, en raison de la cotisation fixée à 20 francs, il y aurait lieu de tenir compte d'une majoration que nous estimons à 5 francs par personne, de manière que nous puissions recevoir dignement nos invités; soit de ce chef une dépense de 1,500 francs à prélever sur la masse et à considérer comme frais.

En ce qui concerne la fête ou mieux la soirée proprement dite, la Sous-Commission a pensé qu'il convenait de varier un peu les plaisirs de manière à faciliter les déplacements de chacun, à les encourager même pour donner à cette soirée un caractère de bonne confraternité en même temps que chacun trouvera également une satisfaction en rapport avec ses goûts.

A cet effet, on pourrait organiser un concert instrumental dans une salle, une partie vocale et littéraire dans une autre, enfin un petit théâtre dans un troisième point, les Pupazzi, par exemple.

Pour la partie instrumentale, la musique de la garde républicaine serait certes notre desideratum, et il y a lieu de croire que son concours pourrait être obtenu; nous aurions à payer ou mieux à donner pour la caisse du régiment une somme de 1,500 francs.

Pour les artistes dramatiques ou lyriques, les théâtres de Paris, Opéra, Comédie française, Opéra-Comique, etc., nous donneraient entière satisfaction; pour 10 artistes, la dépense s'élèverait à 4,000 francs environ.

Comme accessoires, il faut compter les bouquets offerts aux artistes dames; c'est une obligation, soit 200 francs environ; puis le piano et les accompagnateurs pour les chanteurs, soit encore 500 francs.

Enfin le théâtre des Pupazzi nous coûterait environ 1,000 francs.

Pour la couverture de la cour de l'Hôtel Continental, les agencements, la dépense peut être évaluée à 6,000 francs; pour la décoration, on pourrait obtenir le concours de M. Alphand, qui prêterait certainement les plantes et les fleurs des serres de la ville de Paris; on aurait à donner aux jardiniers et pour les dépenses accessoires environ 500 francs.

Enfin les frais de buffet peuvent être évalués à 3,500 francs.

C'est un total de 19,900 francs qui n'est certainement qu'approximatif, mais qui s'écarte fort peu de la vérité, surtout si l'on fait les démarches nécessaires pour obtenir gracieusement le concours de certaines personnes, concours précieux et indispensable, en raison des difficultés que l'on rencontre dans les organisations de cette nature.

NOTE

DES FRAIS RELATIFS AU BANQUET ET A LA SOIRÉE A L'OCCASION DU CENTENAIRE DE LA FONDATION DES ÉCOLES D'ARTS ET MÉTIERS.

Invités au banquet, 60 à 20 francs.	1,200 fr.
Supplément des frais de cotisation du banquet à prélever sur la masse, pour 300 convives à 5 francs.	1,500
Couverture de la cour intérieure de l'Hôtel Continental et agencement	6,000
Fleurs pour la décoration intérieure.	500
Artistes	4,000
Bouquets pour les artistes dames.	200
Orchestre pour les chanteurs.	500
Musique de la garde républicaine.	1,500
Théâtre des Pupazzi.	1,000
Buffet.	3,500
Total	19,900 fr.

M. le Président propose l'adoption de l'ensemble du budget, puis il demande d'examiner d'abord les chiffres de la Sous-Commission de Liancourt.

M. Trotabas donne communication des détails du budget de cette Sous-Commission.

M. le Président met aux voix les deux budgets qui sont adoptés à l'unanimité.

M. le Président fait proposer une liste de jeunes Commissaires pour la double fête.

Il est décidé que l'on proposera ultérieurement cette mission aux camarades portés sur la liste, et qu'après acceptation on les convoquera afin que la Commission puisse s'entendre avec eux pour l'accomplissement du programme.

M. le Président demande que les Sous-Commissions et particulièrement M. Blondel soient convoqués dans le plus bref délai pour régler d'abord la disposition de la plaque à apposer à la ferme de la Faïencerie.

M. Barbier propose la nomination d'une Sous-Commission qui sera chargée de l'examen des discours à prononcer.

Sont désignés à cet effet MM. Martin, Bassères, Bazaille, Morel et Trotabas.

La séance est levée à 10 h. 1/2.

Le secrétaire : Albert Cahen.

PROCÈS-VERBAL

DE LA SÉANCE DU 2 JUILLET 1880.

Présidence de M. MIGNON, ancien président de la Société; M. CAHEN, secrétaire.

La séance est ouverte à 8 h. 3/4.

Présents : MM. Albaret, Ch. Armengaud, Barbier, Cahen, Durenne aîné, Furno, Létuvée, Mignon, Poulot, et Sue.

M. Mesureur, adjoint à la délégation de Liancourt, assiste à la séance.

LE SECRÉTAIRE donne lecture du procès-verbal de la séance précédente du 10 juin 1880, qui est adopté sans observation.

M. LE PRÉSIDENT donne l'analyse de la correspondance :

MM. Martin et Trotabas s'excusent de ne pouvoir assister à la séance.

M. Josserand soumet à la Commission quelques réflexions :

1° Sur le choix du local;

2° Sur l'exclusion des dames;

3° Sur le prix de la cotisation du banquet;

4° Sur l'invitation de tous les anciens élèves, souscripteurs ou non ;

5° Sur une quête pour les pauvres faite par des dames.

M. Trotabas, absent de Paris pour quelques jours encore, dit qu'il s'associera de grand cœur à toutes les mesures que l'on jugera propres à atténuer autant que possible les divergences d'opinion, etc., etc.

Il appelle l'attention de la Commission sur les devoirs que nécessite le louable empressement de nos camarades de province.

M. Robin, de Chantonnay, demande :

1° Le groupement par École et par année;

2° Le port d'une carte montrant très ostensiblement l'École et l'année;

3° De faire un tirage photographique de toute la grande famille.

M. Martin transmet à la Commission le projet d'inscription à placer à la porte de la ferme, qui lui a été remis par M. Trotabas. — Il ajoute une variante de cette inscription.

M. Albaret a remis à l'agent, à titre officieux, une lettre adressée à M. Gamblon, notaire, fondé de pouvoirs de Mme la duchesse de La Rochefoucauld.

M. Albaret pense que le premier arrêt, en sortant de la gare, doit être au château de Liancourt. — Mais avant tout, il croit nécessaire de faire une visite ou tout au moins de faire part à Mme la duchesse du projet concernant Liancourt.

M. Pérot, de Liancourt, réduit de 100 fr. à 50 fr. sa cotisation ; cette réduction est motivée par la fête du soir qui a lieu à Paris.

M. Edmond Roy critique le déjeuner offert à Liancourt ; il aurait voulu le banquet à 10 fr. à Liancourt et le soir, de 9 h. 1/2 à minuit, réunion à Paris et lunch.

M. Rogé, de Pont-à-Mousson, aurait voulu un banquet très simple soit à Liancourt, soit à Paris ; mais il est ennemi des fêtes quelles qu'elles soient et voudrait voir fonder des bourses.

MM. Renaud et Rignault appellent l'attention de la Commission sur la question de réduction du prix des places en chemin de fer.

MM. Bernard, membre correspondant, et Chaput demandent que le délai d'inscription soit reporté au 15 juillet au moins.

M. Servais croit que si la Commission demandait des permissions de quelques jours pour nos camarades sous les drapeaux et qu'elle les obtînt, elle amènerait ainsi encore beaucoup d'adhérents.

M. Le Doussal soumet à la Commission ses observations au sujet des camarades non souscripteurs, mais qui désireraient assister au banquet. (Répondu comme à M. Pakyne.)

M. Cuau demande si le prix de 20 fr. a eu pour but d'éloigner du banquet nos jeunes camarades, ce qui serait regrettable.

M. Schor, en envoyant sa souscription, informe de son insuccès dans sa tentative de souscription collective à Bordeaux.

Il attribue cet insuccès à l'opposition systématique, dit-on, que le Comité a faite à la création de groupes régionaux.

Un de ses amis a souscrit sous le titre *un anonyme*.

M. Armengaud aîné transmet à l'agent de la Société deux lettres de M. H. Pétin au sujet des invitations à faire.

M. Pétin déclare qu'il ne versera le montant de sa souscription qu'autant que les invitations n'auront pas un caractère politique et surtout étranger à nos Écoles.

Il attend la liste des invités pour envoyer cette somme.

M. Blondel, en se faisant excuser par M. Grosselin, son beau-frère, soumet à la Commission les bases du programme de la fête artistique ainsi que le menu du banquet et les chiffres approximatifs de la somme à dépenser.

M. le Président fait remarquer que toute la correspondance relative au Centenaire est toujours naturellement adressée à M. le Président de la Société, ce qui implique forcément qu'il faut absolument que ce soit lui qui dirige toute l'exécution des deux parties de la fête.

M. Albaret lit une lettre de Mme la duchesse de La Rochefoucauld, relative à M. Frank de La Rochefoucauld.

Après cette lecture, il est décidé que l'on ira rendre visite à la famille de La Rochefoucauld.

M. Poulot répète ce qu'il a déjà formulé à une précédente séance, à savoir : qu'on a parfaitement fait d'inviter à notre fête la famille de La Rochefoucauld, mais qu'il faut bien faire attention au caractère que nous entendrons maintenir pour cette manifestation. Nous allons à Liancourt surtout pour célébrer la fondation des Écoles, et non pas seulement pour glorifier leur fondateur.

M. LE PRÉSIDENT dit que cette distinction est bien arrêtée ; que tout le monde est d'accord sur ce point. Il donne communication d'un avant-projet élaboré par M. Blondel pour la fête de Paris ; la Commission est heureuse de voir que le budget qui y est prévu est sensiblement inférieur à ce qui avait été proposé précédemment.

M. LE PRÉSIDENT, sur l'avis de divers membres de la Commission qui désirent voir maintenant l'organisation des deux fêtes marcher rapidement, propose de nommer une *Commission exécutive qui aura pleins pouvoirs pour tout décider* et procéder au plus vite à l'exécution du programme projeté.

La Commission décide que cette Commission exécutive sera composée de cinq membres, mais qu'on va en nommer néanmoins six, pour le cas où M. le Président de la Société, qui sera certainement élu, déclinerait ces hautes fonctions.

Il est procédé au vote, dont voici le résultat :

Nombre de votants 11

Ont obtenu :

MM.	Arbel	11 voix.
	Mignon	10 —
	Barbier	7 —
	Cahen	7 —
	Blondel	6 —
	Martin	6 —

M. ALBARET est spécialement désigné comme membre adjoint à cette Commission exécutive, pour tout ce qui concerne la partie de la fête afférente à la ville de Liancourt.

M. POULOT revient sur la question des discours et toasts à prononcer.

M. LE PRÉSIDENT et divers membres répondent qu'il est bien entendu qu'aucun discours, aucun toast ne sera prononcé s'il n'a été au préalable examiné et adopté par la Commission exécutive.

La Commission arrête ensuite la liste des journaux que nous inviterons à vouloir bien se faire représenter aux deux parties de notre fête. Elle dresse également la liste des diverses invitations à lancer.

On procède en outre à l'adoption des inscriptions à faire sur les deux faces de la médaille commémorative qui sera distribuée à tous les souscripteurs, aux principaux invités de Liancourt, à la presse, etc.

La séance est levée à 10 h. 1/2.

Le secrétaire, ALBERT CAHEN.

PROCÈS-VERBAL

DE LA SÉANCE DU 5 JUILLET 1880.

Présidence de M. MARTIN, président honoraire de la Société; M. CAHEN, secrétaire.

La séance est ouverte à 9 heures.

Présents : MM. Barbier, Bassères, Cahen, Durenne aîné, Gaillot, Létuvée, Martin, Mignon, Morel et Sue.

LE SECRÉTAIRE donne lecture du procès-verbal de la séance précédente du 2 juillet 1880, qui est adopté sans observation.

M. LE PRÉSIDENT expose succinctement le but de la présente réunion, qui est la nomination d'un *Président de la fête du Centenaire,* ainsi que cela a été porté à l'ordre du jour sur la lettre de convocation. En présence de la résolution de M. le Président de la Société, il y a, en effet, urgence maintenant à procéder à la désignation d'un Président de la fête, que l'on fera même bien de choisir en dehors de la Société. Divers honorables membres, dit-il, m'ont désigné pour ce poste d'honneur; mais je vous donne l'assurance que j'eusse été très heureux d'y voir notre cher Président. A son défaut, je vous engage à porter vos voix sur un camarade non-sociétaire.

Après diverses explications on passe au vote, qui donne le résultat suivant :

M. Martin s'abstient.

Nombre de votants	9
M. Martin	9 voix

En conséquence, c'est à l'unanimité que M. Martin est proclamé Président de la fête du Centenaire.

M. MARTIN exprime tous ses regrets en présence de la décision de M. le Président de la Société; il remercie beaucoup MM. les membres de la Commission d'avoir bien voulu l'honorer de leurs suffrages, mais il veut encore espérer jusqu'au dernier moment qu'il pourra céder la place à celui à qui elle revient de droit.

M. CAHEN propose de nommer également un Vice-Président de la fête du Centenaire, pour le cas où l'honorable Président de la fête serait empêché. Il pense que, dans les conditions présentes, M. Mignon est tout désigné pour remplir ces fonctions.

M. MIGNON combat cette proposition; nous pouvons être sûrs, dit-il, que notre dévoué Président du Centenaire ne nous fera pas défaut, il est donc inutile de nommer un Vice-Président.

La Commission, consultée, adopte la proposition de M. Cahen.

On passe au vote qui donne le résultat suivant :

M. Mignon s'abstient.

Nombre de votants	9
M. Mignon.	9 voix

En conséquence, M. Mignon est proclamé Vice-Président de la fête du Centenaire.

On procède ensuite à la réception de MM. les Commissaires qui ont été convoqués à cet effet.

La séance est levée à 10 heures.

Le secrétaire : ALBERT CAHEN.

Après cette dernière séance de la Commission du Centenaire M. MARTIN étant élu Président de la fête, M. MIGNON, Vice-Président, et MM. ALBARET, BLONDEL, BARBIER et CAHEN, membres de la Commission exécutive, c'est cette Commission qui a procédé immédiatement à toute l'organisation matérielle de la fête, tant pour Liancourt que pour Paris.

Disons encore, avant de rendre compte des diverses phases qui ont marqué cette journée mémorable du 8 août 1880, que les camarades dont les noms suivent avaient été désignés par la Commission exécutive pour remplir les fonctions de Commissaires chargés de veiller à l'exécution du programme arrêté et de maintenir l'ordre le plus parfait dans les diverses parties de la fête :

MM. Barbier, Bricaire, Daguin, Delaporte (Georges), Desarces, Douau, Drost, Fleuriot, Gaillot, Grünfelder, Guillemin (Amédée), Leclerc (Alexis), Léon fils, Leroux, Létuvée, Montupet, Morpain, Pakyne, Rossignol, Terme, Vélut et Zang.

MM. les Commissaires, dans le but de donner une direction commune à tous leurs travaux, avaient en outre nommé Commissaire général M. Barbier, qui représentait parmi eux la Commission exécutive.

Tous les camarades ont pu constater que la Commission avait fait un choix heureux, car il eût été absolument impossible de mieux diriger dans toutes ses phases une fête aussi importante, et surtout de le faire avec plus d'urbanité et de dévouement.

Nous ne terminerons pas cet historique de la période de préparation du Centenaire sans remercier ici MM. les rédacteurs des journaux qui ont bien voulu annoncer notre fête, et qui ont tous accompagné cette information des considérations les plus bienveillantes pour nos chères Écoles.

Les principaux journaux qui ont publié cet avis sont :

Le Figaro	du jeudi	22	juillet	1880.
L'Estafette	du vendredi	23	juillet	»
L'Événement	»		»	»
La France	»		»	»
La Liberté	»		»	»
Le National	»		»	»
La Petite République française	»		»	»
Le Petit Journal	du samedi	24	juillet	»
Le Rappel	»		»	»
Le Voltaire	»		»	»
Le Petit Journal	du mardi	3	août	»
»	du mercredi	4	août	»
Le Rappel	du dimanche	8	août	»
Le Correspondant	»		»	»
Etc., etc.				

(Gravure extraite du *Journal illustré.*

III

LA FÊTE

Le grand jour est enfin arrivé, ce jour si ardemment désiré, si impatiemment attendu par tous les anciens élèves!

Ah! personne n'était en retard à la gare du Nord, le dimanche 8 août 1880, à huit heures et demie du matin, et c'était un spectacle vraiment imposant de voir ces cinq cents camarades allant, venant, se cherchant l'un l'autre, s'appelant, s'étreignant dans les délices d'une nouvelle rencontre après de longues années de séparation. C'est dans de telles circonstances que l'on peut juger de l'esprit incomparable de camaraderie qui plane sur nos Écoles; c'est dans ces explosions de cordialité que l'on peut apprécier les nobles sentiments d'égalité qui ont toujours animé les anciens élèves des arts et métiers.

Les cartes spéciales qui avaient été délivrées à tous les camarades souscripteurs devenaient bien inutiles, car chacun portait réellement ses insignes d'ancien élève profondément empreintes sur le visage : la joie et le bonheur.

M. Martin, notre cher Président honoraire; M. Mignon, ancien Président; et M. Arbel, sénateur, Président actuel de la Société, sont là des premiers, distribuant les poignées de main et les compliments de bienvenue avec cette bonne humeur, cette délicate courtoisie qui leur sont propres. Nos invités et MM. les représentants de la presse sont particulièrement entourés de tous les soins de la part de MM. les Commissaires; c'est à qui leur fournira des renseignements sur les personnalités présentes, c'est à qui les introduira auprès de tel ou tel de nos camarades qui, partis de l'établi du mécanicien, de l'enclume du forgeron, ou du foyer de la locomotive, ont su, grâce à leur travail et à leur persévérance, s'élever aux plus hauts degrés de l'échelle sociale.

Mais les portes des salles d'attente viennent de s'ouvrir, le train organisé expressément à notre intention nous attend sur le quai d'embarquement pour nous transporter directement à Liancourt.

Deux voitures de première classe sont réservées à MM. les Présidents et aux représentants de la presse, tout le reste du train est formé de voitures de seconde classe. On s'empile tant bien que mal dans tous les compartiments qui sont littéralement bondés, on s'arrange autant que possible pour faire la route avec des camarades de promotion, et voilà le train parti ; il est environ 8 heures 45.

Grâce aux conversations les plus animées, aux rappels des souvenirs d'École les plus chers, aux rires les plus joyeusement accentués, la route n'a pas semblé longue, et déjà nous avions dépassé Creil que l'on se figurait être encore dans l'enceinte des fortifications de la capitale.

Liancourt! voilà Liancourt! les oriflammes, les banderoles, les drapeaux, les pièces d'artifice qui éclatent de seconde en seconde, les musiques qui retentissent, les vivats qui commencent, nous annoncent le terme de notre voyage en nous promettant, certes, l'accueil le plus enthousiaste.

Et, de fait, notre arrivée a été saluée par une véritable explosion de bravos, de pièces d'artillerie, de fanfares, comme seuls pouvaient en rêver autrefois les bons princes de l'antiquité lorsqu'ils parcouraient les domaines de leurs États.

Toute une population radieuse est là, venue de dix lieues à la ronde pour saluer à la fois l'institution impérissable qui a honoré le pays et la mémoire du grand philanthrope, de l'homme de bien dont les actes libéraux ont immortalisé le nom.

Un piquet de cuirassiers en grande tenue, chargé de maintenir l'ordre aux abords du débarcadère, produit un merveilleux effet parmi les drapeaux, les mâts, les oriflammes de la gare et les arbres enguirlandés de la place. Les fanfares et les orphéons de Liancourt, de Rantigny (usines Albaret), de Clermont, de Mouy et de Nogent-les-Vierges, sont rangés sur cette place, bannière en tête; les nombreuses médailles qui décorent ces emblèmes témoignent éloquemment de la valeur de ces corps de musique et font voir à

Arrivée des anciens élèves et de leurs invités à la gare de Liancourt.

(Gravure extraite de l'*Illustration*.)

tous que l'élément musical tient un rang excellent parmi ces bonnes populations du département de l'Oise[1].

Il n'est pas jusqu'au ciel qui n'ait voulu, lui aussi, nous adresser sa part de démonstration sympathique, en laissant tomber à ce moment une de ces averses serrées, bruyantes, qui ne durent heureusement que quelques instants, juste ce qu'il en faut pour rafraîchir un peu le sol et l'atmosphère lourde de cette saison.

1. La gravure page 79, extraite du journal *l'Illustration*, représente l'arrivée des anciens élèves à la gare de Liancourt.

Comme on le voit, l'inauguration de la fête était complète. Toute la municipalité de la ville de Liancourt, escortée par le magnifique corps des sapeurs-pompiers sous la conduite de son capitaine, notre camarade Bajac, s'était donné rendez-vous à la gare pour nous accueillir chaleureusement à notre arrivée.

C'est M. Junius Pérot, conseiller municipal, encore un de nos chers et vénérés camarades, sorti de Châlons en 1823, qui a eu l'honneur d'être chargé par ses collègues du Conseil de nous souhaiter la bienvenue.

Voici le texte de son allocution, prononcée d'une voix émue, vibrante et empreinte du plus pur sentiment de bonne confraternité :

MONSIEUR LE PRÉSIDENT,

Messieurs,

Nous attendions avec impatience le jour du 8 août, et s'il n'arrivait pas assez vite au gré de nos désirs, c'est que nous étions pressés de vous recevoir et de vous exprimer nos vives sympathies pour le grand acte de reconnaissance auquel vous vous êtes dévoués, et que vous réalisez aujourd'hui.

Je suis heureux, Messieurs, d'avoir été désigné pour être auprès de vous l'interprète des sentiments de cordialité du Conseil municipal, de tous les habitants de notre petite ville, et pour vous souhaiter la bienvenue.

C'est au titre d'ancien élève que je dois cet honneur.

Venez donc à nous avec confiance, Messieurs, car c'est avec bonheur que nous saluons votre arrivée.

Les dernières paroles de M. Pérot sont couvertes par les applaudissements unanimes de toute l'assistance, et immédiatement M. Martin, Président de la fête du Centenaire, Président honoraire de notre Société, répond en ces termes :

MESSIEURS LES MEMBRES DU CONSEIL MUNICIPAL DE LIANCOURT,

Les anciens élèves des Écoles nationales d'Arts et Métiers viennent aujourd'hui à Liancourt pour y célébrer le Centenaire de la fondation de leurs Écoles, en honorant la mémoire du duc de La Rochefoucauld-Liancourt qui, le premier, eut l'idée de cette fondation.

Vous voulez bien leur prêter votre concours pour donner à cette manifestation, véritable fête de famille, le plus d'éclat possible.

Ils vous en sont reconnaissants, et ils vous remercient de vos paroles de bienvenue et de votre si cordial accueil.

Nouveaux applaudissements chaleureux, et le cortège s'organise rapidement pour se rendre à la statue du duc de La Rochefoucauld-Liancourt.

Un piquet de cuirassiers ouvre la marche, suivi par un détachement de sapeurs-pompiers qui escortent également le cortège dans toute sa longueur, sur les flancs, en formant ainsi deux haies de casques reluisants du plus pittoresque effet.

Viennent ensuite trois fanfares qui jouent alternativement les plus beaux pas redoublés de leur répertoire, ce qui n'a pas peu contribué à enlever le pas. et à nous faire franchir rapidement les diverses étapes que nous avons eu à faire. Les anciens élèves suivent, ayant à leur tête MM. Martin, Mignon, Arbel, Armengaud, Mesnard, Suc, Léon, ingénieur du chemin de fer de Paris-Lyon-Méditerranée, les membres du Comité de la Société, et ceux de la Commission du Centenaire. MM. les représentants de la presse sont disséminés parmi nous, et chacun d'eux trouve autour de lui les explications les plus circonstanciées, les renseignements les plus complets sur tous les faits qui s'accomplissent successivement le long du trajet.

MM. les adjoints et conseillers municipaux de Liancourt se sont eux-mêmes répartis au milieu de nous, et ont tenu la main à ce que tout se passe dans l'ordre le plus parfait. MM. Petit, Godard, et Jolidon, notamment, bien secondés par les Commissaires du Centenaire, ont déployé le plus grand dévouement ; ils ont organisé toute la marche avec un entrain et une intelligence dignes des plus grands éloges.

Le cortège est fermé par plusieurs autres musiques et fanfares et par un second piquet de cuirassiers ; il occupe ainsi sur la route une longueur que l'on peut évaluer, sans être taxé d'exagération, à un grand kilomètre au moins.

En avant, sur les côtés, en arrière, la foule compacte nous fait

6

la conduite avec empressement, et témoigne de toute sa sympathie pour les anciens élèves de nos Écoles [1].

Au sortir de la gare, après avoir franchi le pont du chemin de fer, nous passons sous un premier arc de triomphe élevé par notre camarade M. Albaret à l'endroit qui sépare les trois communes voi-

Vue de la route de la station à la ville de Liancourt.
Arc de triomphe élevé par M. Albaret.
(Gravure extraite de *l'Illustration*.)

sines, Liancourt, Rantigny, et Coffry. Cet arc de triomphe, d'un très bon goût, est formé de plusieurs grands mâts tout enrubannés et garnis d'oriflammes et d'une quantité de drapeaux ; d'un côté, le fronton porte cette inscription flatteuse : *Honneur aux Écoles d'Arts et Métiers* », de l'autre côté : *A l'Industrie, à l'Agriculture.*

Nous arrivons bientôt aux premières habitations de la ville ;

1. La gravure, page 82, extraite de *l'Illustration*, représente une vue prise au pont de Coffry, sur la route de la gare à la ville de Liancourt, à l'endroit où s'élevait l'arc de triomphe dressé par M. Albaret.

toutes les fenêtres sont pavoisées, les mâts à oriflammes se succèdent à courte distance les uns des autres; de plus, la municipalité de Liancourt a fait planter tout le long des rues plus de quatre cents sapins qui produisent un effet des plus heureux au milieu des drapeaux et des guirlandes tricolores.

Nous franchissons la place du Jeu-de-Paume sur laquelle est dressée l'immense tente qui va abriter tout à l'heure tous les anciens élèves et leurs convives pour le déjeuner, et nous rencontrons aussitôt les vastes ateliers de construction de notre camarade Bajac. En face de sa demeure, M. Bajac a élevé un second arc de triomphe, entièrement composé, celui-là, d'attributs divers de l'agriculture. Charrues, faux, rosaces de coutres et de sarcloirs, bineuses, etc., sont harmonieusement disposées au milieu de céréales fraîchement coupées formant un splendide cadre de verdure et d'épis dorés autour des inscriptions les plus enthousiastes : *Honneur aux pionniers de l'industrie. — Au fondateur des Écoles d'Arts et Métiers.*

Un peu plus loin, au milieu de la rue principale de la ville, la municipalité a fait disposer un troisième arc de triomphe de verdure qui complète merveilleusement l'aspect général de la ville : cet arc de triomphe est dédié : « *Au Berceau des Écoles d'Arts et Métiers* ».

Nous voici arrivés à la place de la mairie, sur laquelle est érigée depuis 1861 la statue du duc de La Rochefoucauld-Liancourt. La description de cette statue n'est plus à faire, le remarquable ouvrage de notre camarade M. Guettier [1] fournit d'excellents renseignements à ce sujet. Néanmoins il sera, croyons-nous, d'un certain intérêt de reproduire ici l'extrait suivant de la *Notice* déjà citée, de M. Henri Dottin :

La statue du duc est due à la généreuse initiative d'un vénérable habitant de Liancourt, qui a voulu acquitter une dette de reconnaissance envers son bienfaiteur. M. Louis Poilleux, que M. de La Rochefoucauld avait associé à ses entreprises manufacturières, a légué à

1. *Histoire des Écoles d'arts et métiers*, par A. Guettier. Paris, Lacroix, 1865, page 272.

l'hospice de Liancourt une somme de 40,000 francs, à la condition d'élever un monument digne de la mémoire de l'illustre philanthrope. Ce legs fait autant d'honneur au souvenir de celui qui en est l'objet, qu'aux sentiments de celui qui l'a laissé.

A ce legs est venue se joindre une souscription ouverte à Liancourt. Elle a produit près de 5,000 francs. Tous, riches et pauvres ont voulu y concourir. Les élèves des Écoles d'arts et métiers y ont contribué pour une large part. Cette somme a servi aux frais d'établissement du piédestal et d'une fontaine dont le bassin entoure le monument et lui donne un caractère d'utilité publique.

La statue du duc est en bronze [1] ; sa hauteur est de 2m,60 centimètres. C'est l'École des arts et métiers d'Angers qui a bien voulu se charger gratuitement de l'opération de la fonte. Quant au modèle, il sort des mains d'un artiste déjà éprouvé par de nombreux succès, M. Maindron [2]. L'auteur de *Velléda*, du groupe colossal d'*Attila*, et de tant d'autres œuvres très remarquables, ne pouvait rester au-dessous de sa réputation d'artiste aux conceptions larges et profondément senties. Le duc est représenté debout, revêtu du costume de pair de France. Sa main droite s'appuie sur une enclume, emblème du travail ; sa main gauche, rapprochée du cœur, tient un rouleau de papiers où sont inscrits les titres de M. de La Rochefoucauld à la reconnaissance publique. Sous le rapport du sentiment, la conception de M. Maindron ne laisse donc rien à désirer : c'est d'un côté l'industrie, l'agriculture qui sont représentées ; de l'autre, ce grand amour de l'humanité qui a présidé à tous les écrits, à toutes les actions du duc.

Dans son ensemble, la statue se présente bien : la pose est simple et sans raideur. La figure, où l'artiste a mis toute la ressemblance désirable, respire un air de bonté qui attire. Le regard a de la profondeur, tous les traits sont modelés avec vigueur. De face et de profil, cette statue est d'un bel aspect. Point de lourdes masses, point de lignes heurtées. C'est, en un mot, une œuvre qui fera grand honneur au beau talent de M. Maindron, et dont la ville de Liancourt aura le droit d'être fière.

Ajoutons, pour être complet, que sur les côtés du piédestal en marbre de cette statue se lisent les inscriptions suivantes :

1. Voir la gravure, page 87.
2. M. Maindron est ancien élève de l'École d'Angers (1826).

Face.

FRANÇOIS ALEXANDRE FRÉDÉRIC
DUC DE LA ROCHEFOUCAULD-LIANCOURT
PAIR DE FRANCE
NÉ LE 11 JANVIER 1747
MORT LE 11 MARS 1827.

Il faut aider tout ce qui est utile, il faut attacher son nom à tout ce qui est bon.

Droite.

FONDATION DES ÉCOLES D'ARTS ET MÉTIERS
1780
CAISSE D'ÉPARGNE.

Gauche

INTRODUCTION DE LA VACCINE EN FRANCE
1800
ENSEIGNEMENT MUTUEL.

Derrière

AU BIENFAITEUR DE L'HUMANITÉ
HOMMAGE
DE F.-L. POILLEUX
DES ÉCOLES D'ARTS ET MÉTIERS
ET DE LA RECONNAISSANCE PUBLIQUE
JUILLET 1861.

En avant de la statue, une estrade avait été préparée; M. Martin s'y place et prononce d'une voix pénétrante le magnifique discours dont voici les termes :

Messieurs,

Le 6 octobre 1861, un grand nombre d'anciens élèves des Écoles nationales des arts et métiers assistaient, en présence de la famille de La Rochefoucauld, des autorités de la ville de Liancourt et de tous ses habitants, à l'inauguration de la statue du duc de La Rochefoucauld-Liancourt au pied de laquelle nous sommes réunis en ce moment.

Cette statue, dont le modèle est dû à notre camarade d'école Maindron, auteur de *Velléda*, de *Geneviève*, du groupe colossal d'*Attila* et de tant d'autres œuvres remarquables, a été coulée à l'École des arts et métiers d'Angers.

Elle a été élevée par les soins de M. Chevalier, alors maire de Liancourt, et du Conseil municipal, sur l'initiative généreuse, à laquelle se sont associés et les habitants de la ville de Liancourt et la Société des anciens élèves des Écoles des arts et métiers, de M. Louis Poilleux, collaborateur du duc dans ses créations industrielles.

Aujourd'hui, Messieurs, nous nous retrouvons en ce même lieu pour donner aussi un souvenir de profonde reconnaissance à l'homme de bien, au grand philanthrope qui, pressentant le développement futur des applications de la science à l'industrie jetait ici, il y a un siècle, les premières bases de l'enseignement professionnel.

C'est en effet en 1780 que le duc de La Rochefoucauld-Liancourt, au retour d'un voyage en Angleterre, où il était allé étudier, entre autres, les perfectionnements des arts industriels, fonda dans sa ferme de la Montagne, à Liancourt, la première École ouvrière qui fut le germe des Écoles d'arts et métiers.

Nous laisserons à d'autres le soin de montrer les développements successifs que prirent ces Écoles, qui aidèrent dans une très large mesure aux progrès réalisés depuis dans les arts mécaniques en France, nous appliquant seulement à faire ressortir que toutes les pensées du duc n'ont eu en vue que le bonheur de l'humanité et que tous ses instants ont été consacrés au bien de ses semblables.

Il est toujours resté fidèle à sa devise :

« Il faut aider à tout ce qui est utile, il faut attacher son nom à tout ce qui est bon. »

L'un des premiers il réclama l'abolition de la traite des noirs.

Il s'attacha à réduire le fléau de la mendicité et il donna l'idée des maisons de détention pour enfants, où les natures égarées peuvent être ramenées au bien et à la vertu par le travail et l'instruction.

C'est aux réflexions que lui avait suggérées l'examen du système pénitentiaire en Amérique que sont dues les améliorations qui furent successivement apportées dans le régime de nos prisons.

Il fit à Liancourt un des premiers essais de l'utile création de la caisse d'épargne et il contribua à la fondation et au développement de celle de Paris dont il fut le premier administrateur.

Statue du duc de La Rochefoucauld-Liancourt, fondateur de la première École des arts et métiers en France.

(Gravure extraite de *l'Illustration*.)

C'est lui qui, l'un des premiers, fit connaître les méthodes d'enseignement mutuel et aida à leur propagation.

C'est enfin à lui que nous devons l'introduction en France de la vaccine qu'il s'efforça, dès 1800, de propager par tous les moyens en son pouvoir.

Son initiative, sa volonté énergique, son activité aidèrent puissamment à développer cette heureuse importation.

M. le duc de La Rochefoucauld était aussi généreux que bon, et le plaisir de donner fut un de ses plus doux délassements. Que de pauvres familles, que de malheureux autour de lui, prirent part à ses largesses et profitèrent de ses dons ignorés.

Sa renommée est de celles qui se font sans bruit et qui, basées sur la reconnaissance des générations sont, seules durables.

Aussi son nom est-il resté et restera-t-il toujours en grande vénération parmi les habitants de Liancourt et des communes environnantes.

La foule émue et sympathique, qui se presse en ce jour autour de ce monument montre combien est vivace cette affection qui survit aux années.

Non seulement, Messieurs, le duc créa la première École qui donna naissance à celles des arts et métiers, mais il suivit ces Écoles devenues établissements de l'État dans leurs développements, dans leurs perfectionnements, et il ne s'est jamais lassé d'animer, de seconder, d'encourager leurs élèves qu'il appelait ses enfants.

Ces derniers ne l'ont pas oublié, ils ont conservé pour lui une reconnaissance qui ne s'est jamais démentie, et la famille de La Rochefoucauld est en quelque sorte la leur.

L'un de ses membres, M. le marquis, est venu couronner l'œuvre de son père en dotant la Société des anciens élèves des Écoles d'arts et métiers, qui doit à sa munificence d'être déclarée d'utilité publique.

Le nom de La Rochefoucauld est devenu inséparable du nom des Écoles des arts et métiers, et chaque année, les nouveaux élèves de ces Écoles apprennent de leurs prédécesseurs à le vénérer.

C'est ce sentiment de gratitude qui réunit ici leurs anciens élèves, jeunes ou vieux, venus de tous les points de la France, au Centenaire de l'École mère, rendre un hommage filial à son fondateur.

Messieurs,

Honneur à la mémoire du duc de La Rochefoucauld-Liancourt et à celle de son fils le marquis.

Ce discours, dit avec une conviction entraînante, a profondément ému tous les assistants, et les bravos les plus chaleureux ont montré à notre cher Président honoraire combien ses paroles avaient touché juste. M. le duc Frank de La Rochefoucauld, héritier actuel de ce grand nom, et qui est officier de chasseurs, assistait à cette manifestation émouvante; il avait grand'peine à retenir ses larmes, et c'est par des paroles empreintes de la plus vive gratitude qu'il a remercié M. Martin en lui pressant cordialement la main.

Quelques instants étaient nécessaires pour se remettre de l'émotion que tout le monde venait d'éprouver, puis le cortège se reforme et l'on se dirige vers la deuxième station de notre pieux pèlerinage, à la *Ferme de la Faïencerie*, qui fut l'*École de la Montagne*, la première École d'arts et métiers.

Ce ne sont encore que mâts, oriflammes, drapeaux, guirlandes, arcs de triomphe, et le même enthousiasme de la population nous suit sur tout le parcours de la statue à la Ferme.

Ici se place même un petit incident qui a redonné la note gaie après la gravité du sujet qui venait d'être traité devant l'image du grand philanthrope :

Une brave femme, qui professe sans doute pour les Écoles et pour la mémoire de leur fondateur des sentiments de sympathie et de reconnaissance, lance de sa fenêtre un énorme bouquet qui vient tomber sur les épaules de M. Martin.

Ce projectile d'un nouveau genre produit naturellement quelque surprise dans les rangs du cortège, on se bouscule un peu pour ramasser le bouquet, on le remet à notre cher Président, puis on continue la marche, en applaudissant à outrance cette généreuse femme qui elle-même nous envoie d'ailleurs ses bravos chaudement accentués.

Retenons en passant une délicate attention du Conseil municipal de Liancourt : la rue que nous parcourons pour nous rendre à la Ferme s'appelait jusqu'à ce jour « rue de la Montagne »; à partir du 8 août 1880, son nom est « *rue des Écoles-d'Arts-et-Métiers.* » Le souvenir de nos chères Écoles restera ainsi en permanence sur la route conduisant directement à la Ferme qui fut leur berceau : nous en adressons ici à MM. les conseillers municipaux nos plus vifs remerciements.

En quittant la rue des Écoles-d'Arts-et-Métiers, la route qui nous mène à la Ferme serpente agréablement sur le versant est

Porte d'entrée de la Ferme de la Faiencerie.
M. Trotabas prononçant son discours.

(Gravure extraite de *l'Illustration.*)

de la colline autrefois dénommée « la Montagne », et chaque pas en avant nous fait découvrir sur une étendue immense les points de vue les plus charmants, les sites les plus pittoresques.

Cette vallée de l'Oise est réellement splendide; nos aînés, qui avaient le bonheur d'habiter l'École de la Montagne, devaient considérer leur demeure temporaire comme un véritable Éden. Quel air pur on respire là-haut! Quelle vue réjouissante vous éblouit de tous côtés! Ah! le duc de La Rochefoucould-Liancourt avait bien choisi le lieu le plus propre à élever des jeunes gens dans la saine connaissance des choses; et, en même temps qu'il faisait enseigner à ses Élèves leur *métier*, il avait sans doute voulu aussi occuper leurs loisirs par la contemplation incessante d'un paysage grandiose, d'une nature luxuriante, bien faits pour entretenir chez de jeunes et dociles imaginations les plus droites pensées, les intentions les plus délicates.

Mais nous voici arrivés à la ferme de la Faïencerie. Les trophées de drapeaux, les guirlandes de fleurs et le fronton décoratif qui ornent la porte d'entrée produisent un effet saisissant[1]. L'inscription disposée sur ce fronton a été exécutée sur les plans de notre camarade, M. Blondel, l'éminent architecte de l'Hôtel Continental ; elle est ainsi libellée :

1780

ICI FUT LE BERCEAU

DES ÉCOLES D'ARTS ET MÉTIERS FONDÉES PAR LE DUC

DE LA ROCHEFOUCAULD-LIANCOURT.

1880

LES ANCIENS ÉLÈVES DES ARTS ET MÉTIERS

RECONNAISSANTS

CÉLÈBRENT LE CENTENAIRE DE CETTE FONDATION[2].

Tous les assistants se groupent devant cette porte si brillamment décorée, et M. Trotabas, officier de marine en retraite, se prépare à prononcer son discours, lorsqu'une nouvelle averse se déchaîne sur nous avec une impétuosité sans bornes. Heureusement que, comme la précédente, elle ne dure que quelques instants pour faire place à un soleil radieux, et M. Trotabas, monté sur une estrade lestement improvisée, peut alors commencer le magnifique panégyrique que l'on va lire :

Nous voici arrivés à la deuxième partie de cette manifestation inspirée par un profond attachement pour les institutions où nous

1. Voir la gravure, page 90, extraite de *l'Illustration*.

2. Indépendamment de cette inscription, la Commission du Centenaire a l'intention de faire élever par les soins de M. Blondel, à l'angle de la grande route et du chemin qui conduit à la ferme, un monument commémoratif qui indiquera de la route l'emplacement du berceau de nos Écoles.

avons reçu les premières notions de l'art industriel et contracté les liens de confraternité qui nous unissent.

Donner un éclatant témoignage de gratitude à la mémoire du duc de La Rochefoucauld-Liancourt, célébrer le Centenaire d'une fondation qui a donné naissance à nos Écoles, tel est le caractère de cette solennité à laquelle, de tous les points de la France, ont accouru les anciens élèves des arts et métiers.

Au pied de la statue qui rappelle les traits d'un bienfaiteur de l'humanité, nous avons rendu hommage au fondateur; nous venons maintenant saluer ici le souvenir de son œuvre devant ces murs qui en gardent encore la vague empreinte.

C'est effectivement sur cette verdoyante colline d'où l'œil découvre les beautés du riant paysage qui encadre la gracieuse ville de Liancourt, dans cette ferme, alors propriété du duc de La Rochefoucauld, que fut mise en pratique, pour la première fois, la féconde pensée, aujourd'hui centenaire, de réunir les deux enseignements professionnel et primaire.

Notre Président vous a dit ce que fut l'homme de bien, le philanthrope éclairé; permettez-moi de faire le rapide historique des Écoles qui naquirent de sa prévoyante initiative.

Comme beaucoup d'autres conceptions appelées à un sérieux avenir, celle de 1780 débuta sous les formes les plus modestes. Une chétive construction fut élevée au fond de la cour de cette ferme sous le nom d'École de la Montagne.

Le fondateur, alors colonel de dragons, y réunit une vingtaine d'orphelins de ses anciens soldats et les fit élever à ses frais, voulant que l'apprentissage des travaux manuels fût mené de front avec les études élémentaires.

La nouvelle méthode d'enseignement ne tarda pas à donner d'heureux résultats; l'organisateur en suivait le développement avec une incessante sollicitude; il multiplia ses généreux sacrifices, et l'École de la Montagne comptait déjà près de cent élèves en 1791.

Les graves événements qui se déroulaient à cette époque ne pouvaient rester sans influence sur cette organisation naissante. Pour triompher dans les glorieuses et sanglantes luttes qu'elle eut à soutenir contre la coalition européenne et contre les insurrections intérieures, la nation avait besoin de tous ses défenseurs. Pendant que dans un sublime élan de patriotisme les hommes se faisaient tuer à la frontière, la jeunesse des écoles se préparait à les remplacer en s'exerçant au métier des armes. L'École de la Montagne devint donc et resta institution militaire pendant la durée de la Révolution.

Intérieur de la Ferme de la Faïencerie.

(Gravure extraite de *l'Illustration*.)

En 1799, l'École de Liancourt fut transférée à Compiègne sous le titre de Prytanée militaire et divisée en quatre sections : Paris, Saint-Cyr, Saint-Germain et Compiègne; cette dernière conservant plus que les autres les traditions et le caractère industriel qui avaient marqué son origine.

En 1803 le premier consul, modifiant l'organisation de l'établissement de Compiègne, l'érigea en École d'arts et métiers. Cette désignation, qui apparaissait pour la première fois, appartint dorénavant à cette institution et à celles qui furent créées plus tard sur les mêmes bases. Le duc de La Rochefoucauld en fut nommé inspecteur général.

Pendant toute la durée de l'Empire, sous l'influence des guerres incessantes qui firent de tous les jeunes Français autant de soldats, l'enseignement professionnel céda le pas, à Compiègne, aux exercices et aux études militaires.

En 1804, une autre École d'arts et métiers fut créée en Anjou sur l'emplacement de l'ancien collège de Beaupréau, et celle de Compiègne transférée en 1806 à Châlons-sur-Marne. Après bien des vicissitudes, l'École de Beaupréau fut à son tour transportée définitivement à Angers. Mais la série des transformations que devait y subir l'enseignement sous la pression des événemens politiques et des préoccupations de l'esprit public n'était pas terminée là.

En 1827, un règlement détaillé rend à ces Écoles leur véritable caractère industriel et leur assigne comme objectif de former des chefs d'atelier, des contre-maitres, des ouvriers habiles. Les élèves y apprennent les métiers de charron, charpentier, menuisier, forgeron, ajusteur, tourneur, monteur de machines, fondeurs, etc.

En 1830, nouvelle évolution de l'enseignement vers le métier des armes; et en 1833, retour définitif aux travaux manuels et aux études industrielles. Cette nouvelle modification réduisait à quatre le nombre des ateliers à conserver dans les Écoles; ce sont ceux qui subsistent encore de nos jours : forge, fonderie, ajustage et modèles.

En 1843, les Écoles de Châlons et d'Angers ne fournissant plus un contingent d'élèves sortants en rapport avec les besoins de l'industrie, la création d'une troisième École à Aix fût décidée. Nous ne résistons pas au désir de vous citer l'exposé des motifs qui précédait le projet.

Ces quelques lignes montrent, mieux que nous ne saurions le faire, le but de ces institutions et les intérêts nationaux de premier ordre qu'elles sont appelées à servir :

« De nombreuses et importantes considérations, disait le Ministre, justifient cette création. L'association de la pratique à la théorie est en effet la combinaison la plus propre à atteindre le but qu'on s'est proposé, et qui est de former des hommes en état de comprendre les besoins de l'industrie, d'en seconder les progrès et de fournir à nos grands ateliers de construction une classe de contre-maîtres capables *de diriger l'exécution de ces appareils* qui sont appelés à jouer un si grand rôle dans le développement de la puissance et de la prospérité matérielle du pays.

« C'est là une vaste et noble carrière qui s'ouvre pour la génération actuelle: puisse-t-elle comprendre l'avenir qui se prépare pour elle, et se porter avec ardeur vers les études spéciales qui doivent s'associer aux conquêtes du génie moderne. »

Les Écoles d'arts et métiers ont-elles réalisé les espérances énoncées dans ce remarquable rapport, et justifié les sacrifices que l'État s'impose en leur faveur? Un facile travail de statistique qui sera fait sans doute suffirait à le prouver en montrant l'appoint considérable de personnel qu'elles fournissent aux diverses branches de l'industrie et des services publics.

Cherchez les anciens élèves des arts et métiers depuis l'humble atelier de l'artisan jusqu'aux magnifiques établissements de constructions mécaniques, dans les usines, les manufactures, les arsenaux, dans notre vaste réseau de chemins de fer, dans nos marines de l'État et du commerce où ils forment la grande majorité du personnel *d'élite* des mécaniciens!... Partout vous les trouverez accueillis avec faveur, laborieux, animés du désir d'accroître sans cesse leurs connaissances techniques, et toujours fidèles à leur devoirs, depuis la modeste et honorable condition d'ouvrier jusqu'à la situation éminente où quelques-uns se sont élevés.

Toute institution se juge aux fruits qu'elle donne; nos Écoles ont fourni déjà une assez longue carrière pour qu'on puisse les apprécier d'après leurs résultats. Nous n'avons donc pas à craindre qu'une administration libérale, éclairée, impartiale, songe à restreindre leur champ d'action.

Un mouvement très prononcé de l'opinion publique se produit au contraire en faveur de l'enseignement professionnel; et l'État n'a qu'à choisir entre les grandes villes qui demandent dans leurs murs la création d'une École d'arts et métiers, offrant d'y concourir par de larges subsides.

Il est à espérer que dans l'un de ces centres au moins, ce vœu recevra une réalisation très prochaine.

Disons-le même, sans dissimuler un certain sentiment de fierté nationale, ces institutions ont trouvé des imitateurs hors de nos frontières. A diverses reprises déjà, des professeurs des arts et métiers ont été appelés à fonder et diriger des établissements analogues à l'extérieur.

Il n'est pas rare que nos Écoles reçoivent la visite de savants étrangers qui viennent y étudier les méthodes et les programmes d'enseignement théorique et pratique.

Conservons donc précieusement ce culte filial que nous professons pour nos Écoles; félicitons-nous d'y avoir acquis l'amour du travail, et reçu des principes d'éducation industrielle assez solides pour nous faciliter la tâche de les développer.

Ce n'est pas à dire que dans leur état actuel elles ne nous paraissent pas susceptibles de perfectibilité; nous reconnaissons au contraire que des modifications importantes peuvent et doivent être apportées dans leur fonctionnement.

Les arts industriels étant sans cesse en voie de progrès, les Écoles doivent suivre le mouvement sous peine de rester au-dessous de leur tâche. Ces améliorations viendront grâce à la sollicitude éclairée et bienveillante qui préside à leurs destinées.

Ayons donc confiance dans l'avenir de nos Écoles d'arts et métiers, et ne négligeons aucun effort pour maintenir et accroître, s'il se peut, la juste considération dont elles jouissent.

Nous les avons vues dans cet historique succinct donner tour à tour l'enseignement industriel et l'enseignement militaire. Rappelons-nous ces traditions, inspirons-nous de ce double caractère! Soyons, selon les événements et selon nos aptitudes, les ouvriers laborieux et instruits travaillant à la grandeur matérielle de notre chère France, les soldats disciplinés et valeureux sur lesquels elle a le droit de compter au besoin, pour la défense de son sol, de sa dignité, et des libres institutions qu'elle s'est données.

Les applaudissements répétés de toute la foule accueillent les dernières paroles de M. Trotabas; cette succincte histoire de nos Écoles, l'éloge de leurs élèves et surtout la fin si patriotique de cette trop courte allocution ont pénétré jusqu'au fond de tous les cœurs; on sent que notre brave marin, en prononçant ces paroles si viriles, si profondément imbues du noble sentiment du devoir, pense réellement ce qu'il dit; et c'est cette conviction sincère si apparente qui enlace un à un tous les membres de l'auditoire et les met en un instant dans la possession absolue de l'orateur.

M. Trotabas est vivement félicité par tous les camarades pendant que l'on procède à une courte visite à l'intérieur de la ferme [1].

Une vaste enceinte quadrangulaire où fourmillent les volatiles d'une basse-cour richement approvisionnée; à gauche, les bâtiments de l'exploitation fermière; en face, des granges surmontées d'un petit clocheton dont le cadran en ruines a servi à l'« *usine de la Faïencerie* » qui succéda à l'École de la Montagne. Dans le fond,

Déjeuner sous la tente à Liancourt.

(Gravure extraite de l'*Illustration*.)

à droite, un magnifique jardin potager: c'est là que furent érigés jadis les bâtiments de l'École de la Montagne. On voit encore deux murs de ces anciens bâtiments, dont les fenêtres ont été bouchées pour l'aménagement de l'usine de la Faïencerie.

Voilà tout ce qui subsiste de ce qui fut le berceau des Écoles nationales d'arts et métiers! Tous les camarades saluent pieusement ces précieux souvenirs de l'origine de nos institutions; le cortège se reforme, et l'on redescend dans Liancourt, cette fois par

1. Voir la gravure, page 93, extraite de l'*Illustration*, qui indique sommairement l'aspect intérieur de la ferme.

le chemin à pente rapide qui est le plus court, en passant par le quartier dit « *Cadichon* » et la « *rue des Écoles-d'Arts-et-Métiers.* »

Les musiques continuent à jouer leurs meilleurs morceaux, et ici nous devons noter la courtoise attention de M. le chef de la fanfare de Liancourt, qui avait composé spécialement pour cette journée un « *pas redoublé* » auquel il a donné le nom du « *Centenaire* ». On ne peut être plus intelligemment aimable.

Après avoir traversé de nouveau la ville dans toute sa longueur, nous arrivons à la place du Jeu-de-Paume, au milieu de laquelle a été dressée l'immense tente où Potel et Chabot ont disposé notre couvert pour le déjeuner.

Cinq cent cinquante couverts sous une tente! Cela tient réellement du prodige! Eh bien! malgré cette affluence, malgré une troisième averse qui vient nous arroser en guise de hors-d'œuvre, tout le monde se case commodément et les fourchettes sont vite mises en mouvement [1].

La table d'honneur, disposée perpendiculairement à toutes les autres, est destinée à nos chers Présidents : MM. Martin, Mignon et Arbel; puis sont placés à droite, à gauche et en face de ces Messieurs : MM. le duc Frank de La Rochefoucauld, Albaret, Schreuder, les conseillers municipaux de Liancourt, et notamment MM. Pinçon et Petit, adjoints; Babeuille, Pérot, Jolidon, Duchenne, Godard, Tixier, etc., conseillers; MM. les représentants de la presse de Paris, l'officier commandant le détachement de cuirassiers, etc., etc.

Le déjeuner est très habilement servi par un personnel nombreux et supérieurement administré. En voici le menu :

Hors-d'œuvre assortis.

Truite saumonée sauce verte.

Galantine de poularde truffée.
Jambon d'York à la gelée.

1. Voir la gravure page 97, qui représente une échappée de la tente pendant le déjeuner.

Terrine de gibier du Périgord.
Pâté de canard d'Amiens.

Salade vénitienne.

Savarin au Marasquin.
Baba glacé au Rhum.

Dessert.

Café — Cognac.

Durant le repas, les diverses fanfares et orphéons viennent successivement jouer et chanter de jolies fantaisies, des chœurs très harmonieux que l'on applaudit avec frénésie, surtout lorsque la bannière de chaque fanfare, de chaque orphéon se présente, ornée de sa multitude de médailles d'or, de vermeil et d'argent.

Fac-similé de la face et de l'exergue de la médaille commémorative du Centenaire.

Les anciens élèves ont répondu à cette gracieuseté des musiciens, en offrant à chacun des orphéons et fanfares une médaille commémorative en vermeil, dont la face porte les armes des trois villes ; Châlons, Angers et Aix, entourées de ces mots : « *Anciens élèves des Écoles d'Arts et Métiers* », tandis que sur l'exergue sont gravées en relief les deux dates : « *1780-1880* » enfermées dans une couronne de laurier qui est entourée elle-même de cette inscription : « *Souvenir du Centenaire de la fondation des Écoles*[1]. »

Chacun des camarades, souscripteurs au Centenaire, a d'ailleurs reçu la même médaille, en bronze, ainsi que tous nos invités et MM. les représentants de la presse.

Au dessert, M. Martin se lève et porte le toast suivant :

Messieurs,

Nous avons à remercier la municipalité et les habitants de la ville de Liancourt, qui ont mis un si grand empressement à se réunir à nous pour célébrer le Centenaire de la fondation des Écoles nationales d'Arts et Métiers.

Nous constatons avec un véritable bonheur que, si le souvenir du duc de La Rochefoucauld-Liancourt est profondément gravé dans le cœur des anciens Élèves de ces Écoles, la mémoire de cet homme juste, bienveillant, aux idées généreuses, s'est conservée intacte dans la ville de Liancourt, qui a été témoin des efforts faits par lui, en vue de l'amélioration du sort des classes laborieuses, et qui doit à ses tentatives industrielles, à ses créations, une partie de sa prospérité.

Messieurs,

A la municipalité de la ville de Liancourt, A ses habitants!

Un tonnerre d'applaudissements ferme ce premier ban des toasts de la journée, et immédiatement, M. Babeuille, conseiller municipal de Liancourt, répond en ces termes spirituels :

Messieurs,

Permettez-moi de vous offrir les remerciements sincères du Conseil municipal; votre visite est plus qu'un honneur pour cette ville, puisqu'elle est en même temps un hommage à la gloire pure d'un

1. Voir la gravure, page 99.

homme de bien, dont Liancourt conserve religieusement le souvenir.

C'est avec bonheur, Messieurs, que, délaissant un instant les questions politiques qui les passionnent, les populations s'élèvent vers d'autres pensées, et, par leur ardeur à les manifester, montrent combien elles aspirent à ce double but que rappelle le souvenir de M. de La Rochefoucauld : la paix, le travail.

Pendant d'assez longs siècles, pensa cet ardent philanthrope, la masse d'armes avait fait retentir les armures; assez longtemps la guerre avait dominé le monde et semé les ruines à travers l'Europe..., l'heure lui sembla venue, où le marteau de l'industrie, où le bruissement des métiers, la voix du laboureur devaient seuls se faire entendre à leur tour.

Il lui parut une assez noble tâche de prendre l'initiative du progrès.

C'est à cette idée généreuse que Liancourt dut ses premiers pas vers la prospérité que nous admirons; c'est à cette idée généreuse que l'industrie vous doit, Messieurs, puisque c'est d'elle que naquirent ces Écoles fécondes, d'où se répandent chaque année, par le monde, tant d'hommes éclairés qui aux mérites professionnels savent joindre la reconnaissance du cœur...; votre présence ici en est l'éclatant témoignage.

Qu'il nous soit donc permis, Messieurs, de vous remercier au nom de la ville, au nom de tous ceux qu'a nourris ou enrichis le travail créé par M. le duc de La Rochefoucauld, et développé depuis par de nombreux continuateurs.

Et, puisque c'est ici la fête de la paix, la fête de l'humanité, sans distinction de nationalités, laissez-moi vous redire cette strophe inspirée, que Béranger fit un jour entendre, ici même, pour la première fois, en présence et en l'honneur de celui dont vous célébrez la mémoire :

J'ai vu la paix descendre sur la terre,
Semant de l'or, des fleurs et des épis.
L'air était calme et du dieu de la guerre
Elle étouffait les foudres assoupis.
« Ah! disait-elle, égaux par la vaillance,
Français, Anglais, Belge, Russe ou Germain,
Peuples, formez une sainte alliance
Et donnez-vous la main. »

Croyez bien, Messieurs, que si cette alliance des peuples n'est pas absolument réalisée encore, ici du moins, l'union n'est pas une utopie, car tous, habitants de Liancourt, d'une seule voix, nous portons un toast à nos aimables visiteurs.

Messieurs,

A la prospérité des Écoles d'Arts et Métiers, à leurs vaillants élèves !

Nouvelle salve d'applaudissements, après laquelle les bouchons de champagne commencent à sauter, en même temps que les conversations les plus intimes s'établissent, que les reconnaissances d'anciens camarades redoublent, que les santés particulières se portent, que les vivats individuels se succèdent avec une « *furia* » indescriptible.

Puis le silence s'établit; c'est que M. Arbel, notre dévoué Président, vient de se lever, le verre en main. Nous sommes tous si gourmets de ses cordiales et simples paroles, qu'instinctivement et sans qu'aucun mot d'ordre soit donné tout le monde se tait.

Voici le texte du toast chaleureux et patriotique qu'il porte :

Mes chers amis,

Si je prends la parole, ce n'est pas pour prononcer un discours; vous venez d'en entendre et des meilleurs, — et j'avoue très humblement que je n'ai jamais forgé que du fer.

Toutefois, vous permettez bien au Président de votre Société de remplir un devoir, celui de remercier publiquement le Président de la Commission du Centenaire et tous les membres qui la composent de l'admirable organisation (et vous n'êtes ici qu'à la préface) de cette belle fête, qui restera l'importante manifestation de nos sentiments de profonde reconnaissance pour le grand philanthrope à qui nous devons d'être réunis.

Je veux également adresser mes félicitations et mes regrets à nos camarades qui, retenus dans leur province, par leurs occupations professionnelles, n'en ont pas moins envoyé leurs offrandes; ils savent tous que dans une pareille manifestation, tous les élèves sont solidaires!

Oui, Messieurs, il faut que dans le monde officiel, dans le monde industriel, on sache bien que les Écoles des Arts et Métiers produisent, non seulement des travailleurs intelligents, mais aussi des hommes de cœur, pour qui le sentiment de la reconnaissance ne saurait être un fardeau!

Et en terminant, Messieurs, je ne saurais oublier que nous sommes des enfants de notre belle France, et que c'est dans ses Écoles que nous avons puisé les éléments qui ont fait de nous des hommes utiles. Je ne saurais donc mieux finir qu'en adressant au Président de la

République l'expression de nos respectueux hommages, et en portant la santé de M. Grévy.

Est-il besoin de dire que ce toast est couvert d'applaudissements ! Les cris répétés de « Vive le Président ! » « Vive Grévy ! » « Vive la République ! » couronnent dignement l'improvisation de M. Arbel, qui reçoit les plus chaudes poignées de main de tout son entourage.

Quelques instants après, M. le duc Frank de La Rochefoucauld adresse par des paroles vivement émues, à tous les anciens élèves,

Visite au tombeau du duc de La Rochefoucauld-Liancourt.
M. Schreuder prononçant son allocution.

(Gravure extraite de l'*Illustration*.)

les remerciements les plus sincères pour l'honneur qu'ils font en ce grand jour à la mémoire de son aïeul. Il en est profondément touché, et il saura lui-même, dit-il, garder précieusement le souvenir de cette belle cérémonie à laquelle il lui a été donné d'assister.

Le repas est terminé ; tout le monde se lève aux sons de la « *Marseillaise* », que les fanfares entonnent pour clore dignement cette agape fraternelle, durant laquelle la plus franche gaieté, la plus touchante cordialité n'ont cessé de régner en souveraines inéluctables.

Il est alors environ deux heures, et le train spécial qui doit nous ramener à Paris ne part qu'à 4 heures 15 minutes; on se sépare pour aller, les uns visiter les diverses parties de la ville, les autres parcourir le superbe parc du château de Liancourt, qui appartient à la famille de La Rochefoucauld.

D'autres enfin, et c'est le plus grand nombre, se rendent en corps auprès du tombeau du vénéré fondateur de nos Écoles[1].

Ces derniers, on peut le dire, ont été les privilégiés, car ils ont entendu prononcer sur le seuil de ce monument funéraire, par notre cher doyen M. Schreuder[2], les paroles touchantes que nous reproduisons plus loin, en laissant au lecteur le soin de s'imaginer l'émotion profonde qu'elles ont laissée sur tous ceux qui ont eu le bonheur d'être présents à ce pieux pèlerinage de la reconnaissance.

Voici en quels termes heureux s'est exprimé M. Schreuder :

Humble capitaine, habitué à parler le langage du soldat, je ne puis surtout me défendre de prendre la parole, dans la vive et profonde émotion que j'éprouve, en m'approchant de cette tombe vénérable, et devant mes camarades portant avec tant de distinction et si haut le drapeau des sciences, des arts et de l'industrie.

En 1789, le duc de La Rochefoucauld-Liancourt, si connu par ses sentiments généreux, était l'ami du roi Louis XVI, et en sa qualité de grand maître de la garde-robe, il avait toujours accès auprès de lui. Instruit des événements de Paris, il se rendit en toute hâte près du monarque, l'éveilla, malgré les Ministres, et lui apprit ce qui s'était passé. Quelle révolte! s'écria le prince. Sire, reprit le duc de Liancourt, dites « révolution ».

Le duc de Liancourt, généreux ami de son roi et de la liberté, était distingué par une constante vertu et de grandes lumières... Forcé de quitter la France pendant la tourmente révolutionnaire, pour ne pas tomber, comme son ami, sous le couteau de Robespierre, il se réfugie en Angleterre. L'ordre rétabli, il revient en France et y apporte, en

1. Voir la gravure, page 103, qui représente le tombeau de M. le duc de La Rochefoucauld, érigé dans le parc du château appartenant à la famille.

2. Notre camarade M. Schreuder est sorti de Châlons en 1815, après avoir été d'abord à l'École de Compiègne, dont il est le seul ancien élève existant encore.

1800, le Mull-Jenny et l'admirable découverte du médecin anglais Jenner, le vaccin. C'est au prytanée de Compiègne qu'il fit pour la première fois inoculer deux élèves, Schreuder et Claude, et de ce jour le vaccin se répandit dans toute la France, encore et toujours par ce grand bienfaiteur de l'humanité.

A l'époque du Consulat et de l'Empire, les élèves, électrisés par les victoires de Napoléon, entraient dans l'armée; le prytanée de Compiègne, l'école de Châlons étaient une lettre morte : les élèves Saint-Cricq, Lejeune, Hœnig, Ordener et *tutti quanti* devenaient généraux; Coréard, embarqué sur la *Méduse*, échappait à la mort et faisait l'historique du célèbre naufrage; Gambet, l'illustre Gambet, que son ami Pouillet, directeur du Conservatoire, du haut de sa chaire de la Sorbonne appelait le savant Gambet, sortait de l'école de Châlons. Les frères Berthould, Motel, Jacob, horlogers de précision, les mécaniciens-ingénieurs Saulnier, Antiq, etc., Paupert, directeur de l'hôpital Saint-Louis, Malignon, directeur de l'hospice du Midi, Partout et Base, directeurs de la Salpêtrière, Hannosset, directeur de l'hôpital Beaujon, Talle, directeur de l'hospice des ménages, étaient placés, suivis, guidés, encouragés par le duc de La Rochefoucauld, non comme protecteur, mais comme père et comme providence.

Il fut le confident de bien des infortunes et l'ami de tous les gens de bien. Dieu seul sait les larmes de reconnaissance qui inondèrent ses mains miséricordieuses, froides actuellement.

Dans ses conversations il instruisait nos cœurs au seuil de notre vie, de tout ce qui fut beau, sublime dans le passé, pour nous préparer aux grandes luttes de l'avenir. Il avait le calme philosophique des sages de l'antiquité. Son amour du vrai, sa droiture, sa sincérité, la liberté de sa pensée et de sa parole, tout en lui attestait l'homme de race, de noble famille... Ah! si le mérite, le savoir, se mesuraient sur les services rendus à la France, le duc de La Rochefoucauld serait une des grandes figures du XIXe siècle.

Son existence si nécessaire, si utile aux hommes, aurait dû le faire échapper à la mort.

Près de ce funèbre monument, il me semble qu'on respire l'air du dévouement à l'humanité, un parfum de vertu. Le cœur des élèves doit se sentir navré, atteint d'un vif et profond sentiment; les larmes sont permises. Le duc est mort très riche de ses bienfaits, et de sa charité à nulle autre pareille, car il donnait souvent tout ce qu'il possédait, plus qu'il ne possédait.

Son existence restera un honneur pour la nation et pour le siècle auxquels il a appartenu.

N'est-ce pas un devoir, mes chers et honorés camarades, de prononcer de nouveau, encore aujourd'hui, quelques paroles pour donner un adieu à cette nature d'élite, fortement trempée, que rien n'a pu détourner de la route du bien ?

Dans un tel état d'âme, il est passé sans crainte de ce monde d'amertume et de défaillance dans le royaume des élus, de Celui qui gouverne tout.

Non... on ne peut mourir entièrement lorsqu'on s'appelle le DUC DE LA ROCHEFOUCAULD-LIANCOURT. Non, la terre ne peut nous prendre tout entier... Non, vous n'êtes pas mort... Vous vivez et vivrez dans le cœur des élèves des Arts et Métiers !

Brisez donc votre cercueil, apparaissez-nous ; ouvrez votre linceul, étendez-le sur nous, afin de nous inoculer vos vertus, vos bienfaits, pour les reporter sur nos camarades disgraciés de la fortune !

On n'applaudit pas des paroles d'un ordre aussi élevé que celles de M. Schreuder, on ne couvre pas, par de bruyants vivats, de pieuses pensées aussi noblement exprimées devant une tombe vénérée de tous ; on se recueille, on fait son profit, et on se retire le chapeau à la main, le cœur battant et les larmes aux yeux. C'est ce que firent tous les assistants.

Bientôt l'heure du retour va sonner; on se dirige lentement vers la gare, peu décidé que l'on est à quitter un si charmant séjour, où tant de souvenirs sont accumulés, où toute une population vous a prodigué tant de marques de cordiale sympathie !

Il faut cependant s'y résigner, et reprendre enfin ses places dans les voitures du train qui nous a amenés le matin. Les fanfares nous envoient leur dernier adieu, au son de notre hymne national « *la Marseillaise*, » les cuirassiers viennent nous saluer une dernière fois à la gare, et nous voilà en route.

Nous sommes plus nombreux qu'au départ de Paris, car la plupart des conseillers municipaux de Liancourt ont accepté notre invitation, et se rendent avec nous à l'Hôtel Continental, où de magnifiques surprises nous sont encore réservées.

Nous arrivons à la gare du Nord à cinq heures et demie, et chacun s'empresse de se rendre chez soi pour remettre quelque ordre à sa toilette, afin de comparaître dignement au banquet et à la fête du soir.

Il est sept heures et demie, lorsque la réception de nos invités commence à l'Hôtel Continental.

MM. Martin, Mignon, Léon, Armengaud aîné, Armengaud jeune, Denis Poulot, Mesnard, Suc, Bazaille, les Commissaires, les membres de la Commission du Centenaire, et un grand nombre d'anciens élèves, se tiennent dans le Salon mauresque, pour souhaiter la bienvenue à chacun, et faire les honneurs de notre fête aux invités et aux représentants de la presse parisienne. Chacun paie de sa personne; toutes les bonnes volontés, tous les dévouements se sont donné rendez-vous, pour que rien ne vienne troubler l'admirable harmonie de cette superbe réunion de famille.

La musique, sans rivale, de la Garde Républicaine, dirigée par son habile chef M. Sellenick, entonne la magnifique « *Marche des Drapeaux* » que ce dernier a composée spécialement pour la fête du 14 juillet. Cette belle page musicale, exécutée dans la cour couverte de l'Hôtel, qui a été transformée, pour la circonstance, en un délicieux jardin d'hiver, éclairé à la lumière électrique, produit l'effet le plus grandiose.

C'est à ce moment qu'arrivent successivement : MM. Gottschalk, Président de la Société des Ingénieurs civils; Mathieu, Brüll, Vice-Présidents; Paul Regnard, Secrétaire; Tresca, membre de l'Institut, Sous-Directeur du Conservatoire national des Arts et Métiers; Langonet, Directeur de l'École de Châlons; Boinard, Ingénieur de la même École; Ciron, Ingénieur de l'École d'Aix; Schreuder, notre vénéré doyen; MM. les Conseillers municipaux de Liancourt, et une foule de notabilités scientifiques et industrielles. MM. les représentants de la presse sont : M. Chincholle, pour le *Figaro;* M. Rivière, pour le *Gaulois;* M. Albert Pinard, pour le *Globe;* M. Albert de la Berge, pour le *Siècle;* M. X..., pour l'*Estafette;* M. Simonin, pour la *France;* MM. Bol et Peyrocave, pour la *Liberté;* MM. Alphonse Pagès et Flor. O. Squarr, pour le *National;* M. Adolphe Kubly, pour le *Petit Journal;* M. Cler, pour la *Petite République française;* M. Grodet, pour la *République française;*

M. Mayet, pour le *Temps;* M. Campana, pour l'*Événement;* M. Dick de Loulay, pour le *Moniteur universel;* M. Gaildrau, pour l'*Illustration;* M. Robert Kemp, pour le *Journal du Soir;* M. X..., pour le *Journal des Débats;* M. Landrin, pour le *XIXe Siècle*, etc.

On se promène par groupes dans les trois splendides salons, et dans la cour couverte, qui ont été mis à notre disposition, en attendant l'heure du dîner ; en se communiquant les impressions de la journée à Liancourt, tout le monde est d'accord pour reconnaître qu'il était impossible de rêver une fête plus complète.

La musique de la Garde Républicaine joue la célèbre « *Marche indienne* » de Sellenick, qui a été composée en l'honneur du prince de Galles, et qui a valu à son auteur de si chaleureuses ovations, lors du voyage à Londres, au bénéfice de l'hôpital français de cette ville.

Enfin, on vient annoncer que le banquet est servi ! Personne ne se fait prier pour se rendre dans les salles du festin, car il est à ce moment huit heures et demie, heure à laquelle le succulent déjeuner de Liancourt ne laisse déjà plus que de lointains souvenirs.

Grâce à l'admirable organisation, présidée par MM. les Commissaires, chacun trouve facilement sa place. En dehors de la table d'honneur, réservée à nos chers Présidents et Vice-Présidents, à nos invités et à MM. les représentants de la presse, le couvert est distribué sur une quantité de petites tables à vingt places, sur chacune desquelles une pancarte indique la promotion de sortie de l'École. Excellente idée qui a permis à de nombreux camarades de se retrouver après de longues années de séparation.

C'est alors qu'il faudrait une plume autrement exercée que la nôtre pour décrire le spectacle imposant offert par ces cinq cents convives répartis dans les trois grandes salles de l'Hôtel Continental. Cette profusion de fleurs, ces milliers de lumières irisant la multitude de cristaux des lustres et des candélabres, cette somptuosité du service de table, cette décoration magistrale sur laquelle se détache le buste du duc de La Rochefoucauld, ce mouvement perpétuel des maîtres d'hôtel, sommeliers et garçons de salle, ce cliquetis des fourchettes et des verres, ce gai bourdonnement des conversations incessantes, cette mer houleuse de têtes qui s'agitent en tous sens, ces rires communicatifs de camarades se retraçant d'anciens épisodes de la vie d'école, tout cela réuni vous saisit d'admiration et vous éblouit.

M. Martin préside, ayant en face de lui M. Mignon ; à droite et à gauche se rangent successivement MM. Tresca, Gottschalk, Mathieu, Brüll, Loustau, Regnard, Blondel, Armengaud aîné, Armengaud jeune, Mesnard, Suc, Léon, Langonet, Roinard, Schreuder, Albaret, Trotabas, MM. Petit, Jolidon, Godard, Duchenne, Lefèvre, Dumont, Tixier, Conseillers municipaux de Liancourt, et MM. les représentants de la presse qui occupent les deux bouts de la table d'honneur.

Voici le menu de ce somptueux banquet, pendant toute la durée duquel la musique de la Garde Républicaine exécute les plus mélodieux morceaux de son répertoire.

Potage Brunoise au consommé.

HORS-D'ŒUVRE ASSORTIS.

Crevettes, anchois.

RELEVÉ.

Saumon sauce au beurre d'écrevisses.

ENTRÉES.

Filets de bœuf braisés au Malvoisie et à la Créole.
Ris de veau garnis d'une Macédoine de légumes.
Timbale de volaille à la Valençay.

Sorbets au Rhum.

ROTS.

Dindonneaux nouveaux au cresson.

SALADE.

Chaud-froid de homard à la Moderne.

ENTREMETS.

Haricots verts sautés à l'anglaise.
Bombe abricotine aux Avelines pralinées.
Gâteau de Compiègne.
Fruits et desserts variés.
Pièces montées.

VINS.

Madère. Brane-Cantenac.
Haut-Sauterne. Richebourg.
Médoc en carafes. Champagne frappé.
Café et Liqueurs.

Il est plus de dix heures et demie quand le dessert entre en scène ; c'est le moment où les toasts vont commencer, et il y en a neuf qui sont inscrits.

M. Martin, Président du Centenaire, agite pendant quelques instants la sonnette présidentielle et prononce d'une voix forte le toast patriotique suivant :

Messieurs,

Je propose de porter notre premier toast au chef de l'État.

Messieurs,

A M. le Président de la République française !

C'est un écroulement de bravos et d'applaudissements répétés qui sanctionne ce toast, en même temps que sur un signe de notre camarade Barbier, Commissaire général, la musique de la Garde Républicaine fait résonner « *la Marseillaise* » comme elle seule sait la jouer. L'hymne national est redemandé par un déluge de vivats, et M. Sellenick, avec sa bonne grâce habituelle, nous en donne une seconde audition aussi goûtée, aussi applaudie que la première.

. Martin continue ainsi :

Je propose un toast à M. le Ministre de l'agriculture et du commerce, et à M. Girard, directeur du commerce intérieur.

Messieurs,

Nous connaissons tous la sollicitude de M. le Ministre de l'agriculture et du commerce pour nos Écoles.

Nous apprécions bien vivement les efforts faits par lui en vue des améliorations à introduire dans les programmes de leur enseignement tant théorique que pratique, à l'effet de maintenir ces institutions, sans pour cela les faire dévier du but pour lequel elles ont été créées, à la hauteur des progrès réalisés dans la science et les arts, et de les mettre ainsi en mesure de fournir à l'industrie les sujets dont elle a besoin, et qui, comme leurs devanciers, contribueront dans une large mesure à son développement.

Nous le remercions bien sincèrement, et il peut être assuré de toute notre reconnaissance.

Permettez-moi de comprendre dans nos remerciements M. Girard, directeur du commerce intérieur, que nous savons disposé à seconder activement les intentions bienveillantes de M. le Ministre, et à l'initiative duquel sont déjà dues certaines dispositions qui seront hautement appréciées.

Messieurs,

A M. le Ministre de l'agriculture et du commerce.

A M. Girard, directeur du commerce intérieur. (Vive approbation, et applaudissements prolongés).

Suivent les différents toasts que nous reproduisons ci-après dans l'ordre selon lequel ils ont été prononcés.

TOAST DE M. MIGNON,

ANCIEN PRÉSIDENT DE LA SOCIÉTÉ, VICE-PRÉSIDENT DU CENTENAIRE.

« Chez un grand peuple de l'antiquité, celui qui sauvait la vie d'un individu méritait la couronne civique. Quelles couronnes, quels honneurs ce peuple n'aurait-il pas décernés au citoyen qui, apportant à son pays un tel bienfait, aurait sauvé la vie à un million d'hommes? »

Ainsi s'exprimait, messieurs et chers camarades, le baron Charles Dupin, sur la tombe de celui que nous associons toujours de cœur aux fêtes et aux réunions des anciens élèves de nos Écoles d'Arts et Métiers.

Quels sentiments de profonde reconnaissance ne devons-nous pas en effet ressentir, lorsque l'on songe à l'œuvre du duc de La Rochefoucauld-Liancourt, ce *bon duc*, comme se plaisaient à l'appeler tous ceux qui l'avaient connu! Quelle profondeur de pensée, quelle grandeur de sentiment se rencontrent chez celui auquel appartiendra la gloire pure, sans tache, d'avoir pensé à l'émancipation du peuple, au relèvement physique et moral de ceux qui demandaient une place au soleil, non pas tant en multipliant les bonnes œuvres que sa générosité a toujours semées, sans compter, sur sa route, mais en les élevant à leurs propres yeux et en leur donnant les moyens de devenir, par eux-mêmes, des citoyens utiles à leur pays!

Vous n'attendez pas de nous de vous faire ici un historique, même succinct, de la vie et de l'œuvre du fondateur et du bienfaiteur de nos Écoles; nous sommes convaincus que tous vous le connaissez et que vous lui conservez une place dont il ne devra jamais disparaître. Mais il est de notre devoir de dire que rien de ce qui touche, de près ou de loin, au développement de notre pays n'a été négligé par lui; travailleur intrépide, cherchant sans relâche des améliorations à faire, des progrès à réaliser, sachant faire abnégation de lui-même et supportant sans amertume les douleurs de l'adversité, le duc de La Rochefoucauld-Liancourt a été le modèle le plus accompli de l'homme de bien, du grand patriote dont l'œuvre se transmettra de génération en génération surtout parmi nous, en s'agrandissant chaque jour davantage et en apparaissant avec l'ampleur que son esprit profond et pénétrant avait voulu lui donner.

Je m'arrête en vous demandant à tous, mes chers camarades, à tous qui voulez le développement lent mais continu du progrès, de vous inspirer toujours de sentiments aussi nobles, aussi généreux que ceux qui ont été le mobile de toutes les actions de l'homme dont nous vous entretenons et que nous ne devons jamais oublier; tous vous devez conserver dans la mémoire, ou mieux dans le cœur, le nom de La Rochefoucauld dont la devise a toujours été :

« Il faut aider tout ce qui est utile. Il faut attacher son nom à tout ce qui est bien. »

Que ce soit également la nôtre, elle nous fera honneur et, en terminant, permettez-moi d'exprimer les sentiments de reconnaissance qui nous animent tous, dont nous sommes fiers, pour cette grande famille des La Rochefoucauld. Leurs œuvres nous ont fait ce que nous sommes, montrons-nous-en dignes; travaillons, persévérons sans relâche afin de prouver l'inanité des attaques qui sont dirigées quelquefois contre nous; ce sera un moyen de rendre hommage à celui qui, le premier, a conçu et a réalisé pratiquement l'œuvre de l'enseignement professionnel; ainsi, nous démontrerons les bienfaits, nous serons la preuve vivante de la grandeur de ce qu'a fait le duc de La Rochefoucauld.

Messieurs, je bois à la mémoire du fondateur de nos Écoles. (Applaudissements).

TOAST DE M. LÉON

MEMBRE DE LA COMMISSION DU CENTENAIRE.

Mes chers camarades,

Je crois être le fidèle interprète de vos sentiments en portant un toast à tous nos invités et en leur adressant l'expression de nos remerciements.

Ces remerciements, nous les leur devons, non seulement pour l'honneur qu'ils veulent bien nous faire en assistant à cette fête de famille dont ils rehaussent l'éclat, mais encore et surtout pour le sympathique intérêt que leur présence témoigne pour les institutions dont nous célébrons le Centenaire.

Soutenir et encourager les Écoles d'arts et métiers, s'efforcer d'y maintenir les programmes d'études et de travaux à la hauteur des incessants progrès de l'industrie, faire apprécier l'utilité du rôle qu'elles remplissent, c'est donner force et vigueur à l'une des plus importantes branches de l'enseignement national.

Nous ne saurions trop remercier tous les soutiens de cet enseignement, nous qui en avons ressenti les bienfaits.

Je vous propose donc, Messieurs, de boire à tous nos invités.

8

RÉPONSE DE M. TRESCA

MEMBRE DE L'INSTITUT, SOUS-DIRECTEUR DU CONSERVATOIRE DES ARTS ET MÉTIERS.

Messieurs,

Ce n'est pas sans un certain étonnement que je me trouve appelé à répondre au toast qui vient d'être porté à vos invités. Il y a si longtemps qu'avec mon vénéré maître et ami, M. le général Morin, nous nous occupions des intérêts des Écoles d'arts et métiers, que je m'imaginais vraiment être tout à fait de votre famille, et j'aurais mieux compris que je fusse au nombre des invitants que des invités.

Permettez-moi, dans cette situation et pour témoigner une fois de plus de notre constante sympathie, de vous rappeler en quelques mots les principales circonstances de notre communauté de vues avec les Écoles.

Vos règlements ont été l'objet de nos continuelles préoccupations, et je ne saurais vous dire combien j'ai été heureux le jour où, grâce à la décision prise par un administrateur éminent, nous avons obtenu, en 1858, que l'instruction serait, sans distinction de rangs, gratuite pour tous les élèves dont les familles justifieraient que cette gratuité leur est indispensable.

Vos programmes, nous les avons rédigés, interprétés bien souvent aux divers degrés de la hiérarchie administrative, et grâce à l'obligation du concours imposé à vos maîtres, obligation que nous considérons tout à la fois comme une mesure de haute équité et comme une garantie précieuse d'indépendance et d'autorité morale, je m'apercevais tout à l'heure qu'il n'existe plus dans l'une quelconque des trois Écoles aucun professeur ou chef d'atelier dont nous n'ayons eu à provoquer, au nom du jury, la nomination.

Lorsqu'en 1870 nous eûmes à organiser la Commission du génie civil qui a joué tout au moins un certain rôle de dévouement au pays, je voulus qu'elle comptât parmi ses membres un de vos anciens camarades que des travaux alors récents venaient de mettre en évidence, M. L. Martin, qui vous préside aujourd'hui. C'est grâce à son concours toujours affectueux que nous vîmes bientôt accourir autant d'ingénieurs sortant de vos Écoles que d'ingénieurs formés à l'École centrale des arts et manufactures. Les uns et les autres ont également accompli leurs devoirs patriotiques, et il n'y a plus depuis lors à la Société des ingénieurs civils, son président actuel, M. Gottschalk, vous le certifierait comme moi, la moindre distinction d'origine dans les admissions et dans les discussions.

Nous sommes les uns comme les autres de la grande famille de ceux qui travaillent aux intérêts de l'industrie. Plus spéciaux dans certaines parties des arts mécaniques, vous l'êtes, au contraire, beaucoup moins dans les applications des sciences physiques et chimiques, et c'est pour cela précisément qu'il est plus que jamais question et qu'il est vraiment nécessaire de créer de nouvelles écoles qui pourraient être utilement consacrées à des spécialités différentes.

En me renfermant maintenant dans le rôle qui m'est assigné, je dois ajouter, au nom de tous vos invités, qu'ils ont été profondément touchés de la cordialité qui n'a cessé de régner dans cette fête, comme dans celle qui l'a précédée à Liancourt. Le moment est venu d'ouvrir des écoles nouvelles, et soyez sûrs que, pourvu qu'elles soient dirigées d'après les mêmes principes, pourvu qu'elles prennent pour bases fondamentales la plus parfaite représentation par le dessin et que les applications soient toujours guidées par une connaissance suffisante des sciences exactes, vous retrouverez chez vos successeurs le même esprit, les mêmes aptitudes et le même sentiment du devoir.

C'est là le vœu que nous formons en réponse à votre toast, au développement de vos utiles institutions et à l'accroissement nécessaire de leur nombre. (Vifs applaudissements.)

TOAST DE M. ALBERT CAHEN

MEMBRE DE LA COMMISSION EXÉCUTIVE.

Messieurs et chers camarades,

Le toast que je viens vous proposer de porter est un toast à notre vaillante et généreuse presse française.

Je suis certain d'être l'interprète fidèle de vos sentiments à tous, mes chers camarades, en adressant ici, à MM. les représentants de la presse qui ont bien voulu se joindre à notre fête, nos plus sincères remerciements.

M. le Président du Centenaire a fait naître en nous, il n'y a qu'un instant, les plus vifs pensers d'espoir et de gratitude, lorsqu'il nous a rappelé tout l'intérêt dont nos Écoles sont l'objet auprès de M. le Ministre de l'Agriculture et du Commerce et de M. le Directeur du Commerce intérieur.

M. le Vice-Président a profondément ému nos cœurs en nous retraçant brièvement les hautes vertus du vénéré Fondateur de la première École d'arts et métiers, de M. le duc de La Rochefoucauld-Liancourt.

Permettez-moi, à mon tour, Messieurs, d'éveiller toute votre sympathique reconnaissance envers notre belle et grande presse française.

Est-il besoin de rappeler à votre souvenir les services constants que ne cesse de rendre la presse à tout ce qui touche de près ou de loin à notre industrie nationale?

Est-il besoin de vous redire que, chaque fois que nous avons fait appel à la presse, soit pour défendre une idée loyale et juste, soit pour réprimer un abus, soit pour sauvegarder l'honneur et le drapeau de nos Écoles, nous avons toujours trouvé l'accueil le plus bienveillant et le plus désintéressé?

Non, Messieurs, vous n'avez rien oublié, et la presse française peut être sûre que vous n'oublierez jamais qu'elle est, et a toujours été le soutien empressé de tout ce qui est digne, noble et grand.

Je vous propose donc, mes chers camarades, de vous joindre à moi, et de boire à toute notre presse française, et en particulier à MM. les délégués ici présents.

Messieurs, à la presse!

(Nombreux applaudissements. Tous les convives se lèvent et se tournent vers la table de la presse.)

RÉPONSE DE M. ALBERT DE LA BERGE

RÉDACTEUR DU JOURNAL *le Siècle*.

Messieurs,

Permettez-moi de venir, au nom de mes confrères de la presse parisienne ici présents, remercier l'honorable M. Cahen des éloges trop bienveillants qu'il a accordés à la presse.

Je l'en remercie d'autant plus volontiers que la presse française, et le *Siècle* en particulier, ont de bien vives et bien sincères sympathies pour les trois Écoles que vous fêtez ici. La presse est aujourd'hui un des plus puissants instruments d'éducation populaire et de démocratisation; comment pourrait-elle ne pas être favorable à des Écoles qui ont été organisées par notre immortelle Révolution, et qui représentent une des plus saines et des plus fécondes applications de l'idée démocratique? Les Écoles d'arts et métiers fournissent à notre armée *industrielle toute une légion d'officiers* instruits, modestes, laborieux, dont beaucoup vont à l'étranger faire honorer le nom de notre grande patrie française. Comment la presse ne désirerait-elle pas la prospérité de pareilles institutions?

Je bois, Messieurs, à vos trois Écoles, à Angers, à Châlons, à Aix. Je forme le vœu que le nombre de ces Écoles s'augmente, et que notre chère République en compte bientôt six ou huit au lieu de trois.

(Vive approbation et nombreux applaudissements.)

TOAST DE M. BLONDEL

MEMBRE DE LA COMMISSION EXÉCUTIVE.

Mes chers camarades,

Permettez-moi de vous adresser quelques mots en venant vous proposer de porter un toast à la Société des anciens élèves des Écoles nationales d'arts et métiers, à son Comité, à notre bonne confraternité et, enfin, à nos chers et braves camarades d'Alsace-Lorraine.

Un vaillant petit journal, qui a toujours soutenu nos Écoles en ami sincère et convaincu, admirait, il y a quelques jours, la solidarité qui unit tous les anciens élèves des Écoles nationales d'arts et métiers; « cette solidarité, disait-il, fait grand honneur aux Écoles et témoigne hautement de la force des liens qui unissent les générations industrielles qui en sont sorties ».

C'est qu'en effet, Messieurs et chers camarades, le caractère de nos Écoles, ce qui a fait et fera toujours la force de notre grande famille, c'est précisément ce sentiment inné de bonne confraternité, de solidarité intime qui nous unit.

Entretenons ce sentiment parmi les jeunes camarades qui sortent annuellement de nos Écoles; appelons-les à nous dès leur sortie; guidons-les toujours dans leurs débuts; ne cessons jamais de les soutenir et de les aider de notre expérience avec toute la vigilance qui doit nous animer; c'est en exprimant ces vœux au nom de vous tous, chers camarades, que je vous propose de boire à la confraternité de tous les anciens élèves, ainsi qu'à la prospérité de notre grande et généreuse Société sans laquelle nous n'aurions pas le bonheur de nous trouver réunis en ce grand jour.

Et maintenant, Messieurs et chers camarades, ne terminons pas ce toast sans y inscrire tout particulièrement nos bons camarades alsaciens-lorrains. Qu'ils sachent bien que nous les associons à toutes nos fêtes comme à toutes nos espérances, que nous ne saurions nous séparer sans avoir pieusement reporté nos souvenirs vers eux, sans avoir cimenté une fois de plus les liens de fraternité qui nous unissent et que rien ne pourra jamais détruire.

Messieurs,

A la Société des anciens Élèves, au Comité qui la dirige, à notre bonne et constante confraternité, à nos chers camarades d'Alsace-Lorraine! (Ce toast patriotique est salué par les plus chaleureux applaudissements.)

TOAST DE M. ALBARET

MEMBRE DE LA COMMISSION EXECUTIVE.

Messieurs,

Le but que l'on s'est proposé en créant les Écoles nationales d'arts et métiers a été, selon moi, complètement atteint; — nous pouvons dire, sans trop d'ostentation, que nos Écoles fournissent à l'industrie de bons contre-maîtres, d'excellents chefs d'atelier, des dessinateurs fort recherchés, des ingénieurs habiles et des mécaniciens expérimentés.

Ce n'est pas tout; de nos rangs sortent, parfois, exceptionnellement, de véritables artistes. — En voici, sous nos yeux, la preuve :

En ce moment, nous admirons la richesse, les proportions architecturales de cette merveilleuse salle. — Nous admirons les splendeurs du palais qui nous abrite et dans lequel, en famille, nous célébrons joyeusement la date séculaire de la fondation de nos Écoles :

Eh bien, Messieurs, ce magnifique hôtel a été édifié sur les plans d'un de nos camarades, — d'un ancien élève des Écoles d'arts et métiers, — sur les plans de l'architecte Blondel, notre cher collègue.

Permettez-moi de rappeler également à votre mémoire le nom d'un autre artiste, non moins distingué, ancien élève de nos Écoles. — Je parle de M. Maindron, statuaire, auteur d'œuvres de grand mérite qui vous ont été énumérées si bien ce matin par M. Martin, Président du Centenaire. — Parmi ces œuvres, je cite avec plaisir celle qui nous est chère, la belle statue du *Fondateur de nos Écoles* que vous avez tous admirée ce matin, et qui était l'objet d'une des stations de notre pèlerinage à Liancourt.

Remarquez l'heureuse coïncidence, le charmant rapprochement : Fête ce matin à Liancourt. — Fête ce soir à Paris. — Œuvre d'un de nos amis là-bas. — Œuvre d'un de nos amis ici.

Je vous prie donc d'associer les noms de nos deux chers camarades ; — buvons à M. Maindron, auteur de la statue du duc de La Rochefoucauld ! — Buvons à M. Blondel, architecte de l'Hôtel Continental ! (Applaudissements répétés.)

TOAST DE M. TROTABAS [1]

MEMBRE DE LA COMMISSION DU CENTENAIRE.

Si nombreuse et si brillante que soit cette réunion, elle ne résume pas à elle seule la grandeur de la manifestation de ce jour.

Tous nos camarades n'ont pu venir à Paris, mais tous sont de cœur avec nous. Un grand nombre d'entre eux ont eu l'heureuse idée d'organiser le même jour, à la même heure, des banquets où, comme nous, ils célèbrent le Centenaire.

Dans plusieurs grandes villes de province; plus loin encore, sur le sol algérien si profondément français, les anciens élèves des Écoles des arts et métiers s'unissent à nous dans la grande idée qui préside à cette fête du souvenir.

Des télégrammes nous apportent leurs amicales félicitations ; à cette

1. Les toasts qui suivent n'ont pu être prononcés faute de temps, nous avons cru devoir néanmoins les insérer dans ce *Livre d'Or*, certain que nous sommes que nos camarades suppléeront aux applaudissements qui n'ont pu ainsi les sanctionner comme les toasts précédents.

heure même, sur tous ces points éloignés, des toasts sont portés à la grande réunion de Paris.

Complétons ce sympathique échange de cordialités, par le toast que je vous propose de porter à tous nos camarades absents : en particulier à notre doyen M. Auphan qui, le premier, conçut l'idée de cette grande fête commémorative ; et à tous ceux qui célèbrent aujourd'hui le Centenaire.

A nos camarades absents !

TOAST DE M. BAZAILLE

TRÉSORIER DU COMITÉ ET DU CENTENAIRE.

Messieurs,

C'est à la *Société des anciens élèves des Écoles nationales d'arts et métiers* que nous devons l'initiative de la fête qui nous réunit aujourd'hui ; la Société pouvait seule prendre cette initiative. J'ajoute que c'était pour elle un devoir, mais un de ces devoirs que l'on remplit avec bonheur.

C'est dans cette pensée que le Comité a délégué quelques-uns de ses membres pour former le noyau de la Commission qui a su mener à bonne fin le travail considérable de l'organisation de cette fête.

Notre Société, messieurs, n'est pas assez connue d'un grand nombre de nos camarades ; permettez-moi de vous en rappeler le but en quelques mots.

Lorsque nous l'avons fondée, il y a trente-quatre ans, les élèves, isolés dès leur sortie de l'école, étaient sans appui, sans force.

La Société a créé un foyer à la grande famille des anciens élèves ; elle met en pratique les sentiments de profonde amitié et de dévouement mutuel, qui naissent sur les bancs de nos Écoles.

Aider les jeunes dans leurs débuts ; faciliter à tous la meilleure utilisation de leurs aptitudes diverses ; faire connaître à ceux qui sont éloignés, au moyen de publications techniques, les progrès de l'industrie ; tels sont les résultats que nous nous proposons et que nous avons la satisfaction de voir se réaliser chaque jour.

Notre Société compte aujourd'hui deux mille membres ; nous espérons que ceux de nos anciens camarades qui ne nous connaissaient pas ou qui nous connaissaient mal viendront se joindre à nous.

Plus nous serons nombreux, plus nous pourrons faire de bien par l'accroissement de nos publications industrielles, plus aussi nous pourrons contribuer à mettre en lumière les services rendus par nos chères Écoles à l'industrie nationale.

Messieurs, je bois aux camarades non-sociétaires!

TOAST DE M. GUETTIER

MEMBRE DE LA COMMISSION DU CENTENAIRE.

Mes chers camarades,

A leurs débuts, les Écoles d'arts et métiers, telles que vous les avez entrevues ce matin dans l'œuvre primitive de La Rochefoucauld-Liancourt, reposèrent sur l'enseignement de certaines professions manuelles, comme base principale, et sur l'instruction primaire comme élément accessoire.

Nos devanciers passèrent plus tard du domaine de l'apprentissage proprement dit à celui des études théoriques et pratiques, combinées en vue des nouvelles industries que l'École de Châlons allait leur enseigner.

C'est alors que le décret du 6 ventôse an XI, érigeant le prytanée de Compiègne en École nationale d'arts et métiers, vint déclarer, par une expression pittoresque, que cette École était appelée à former des sous-officiers pour l'industrie.

Depuis cette époque, combien de nous, soldats de fortune, sont devenus des capitaines, des officiers supérieurs, des généraux même! Le nombre en est grand. Permettez-moi de vous le dire avec un légitime orgueil.

Si, empruntant à mon histoire des Écoles quelques pages instructives, je voulais vous montrer la trace utile qu'ont laissée ces institutions dans les progrès de l'industrie moderne, je vous ferais voir, dès 1819, l'École de Châlons, à peine organisée, recevant à la première exposition importante qui se soit produite en France une médaille d'or, la seule, avec celle décernée à l'inventeur Jacquart, qui fut attribuée aux arts mécaniques.

Je rechercherais avec vous les noms des premiers élèves qui ont contribué à la construction des machines et à la filature, comme à l'emploi perfectionné du fer et de la fonte, leurs nouveaux et vigoureux élans.

Je vous dirais comment le travail, l'intelligence et l'étude ont été récompensés chez nos prédécesseurs par le succès, par la fortune, par les honneurs.

Qu'il me suffise de vous rappeler que, nous aussi, nous comptons dans nos rangs des hommes ayant su atteindre les sommets glorieux de l'industrie, sans autres ressources que celles fournies par leur activité et leur énergie.

C'est ainsi que beaucoup d'entre nous ont pu approfondir et faire progresser les données pratiques, que le titre de nos Écoles appelle encore des *métiers*, et qui sont devenus entre leurs mains de véritables expressions scientifiques en même temps qu'industrielles.

C'est ainsi que d'autres, en plus grand nombre, dans les chemins de fer, dans la marine, dans l'artillerie et dans le génie, dans les travaux publics et dans les industries diverses, ont pu devenir de véritables ingénieurs avec lesquels doivent compter les savants élèves des institutions d'un ordre supérieur.

Qu'est-ce que cela prouve, mes chers camarades, sinon qu'avec une instruction relativement limitée en principe, le travailleur, quelle que soit son origine, peut grandir, s'élever et prendre place à ce niveau, où s'efface toute distinction entre l'ouvrier de l'action et celui de la pensée.

Avec leurs connaissances spéciales développées par l'étude, consolidées par l'expérience, les élèves des Écoles d'arts et métiers ne sont donc plus, ne peuvent plus être destinés à représenter seulement un noyau d'ouvriers instruits, de contre-maîtres et de dessinateurs habiles.

De plus larges voies leur sont tracées où ils marchent aujourd'hui en rangs serrés. Tels, partis le marteau et le ringard à la main, ou avec le bagage modeste du dessinateur industriel, sont devenus par leur intelligence et par le développement qu'ils ont su imprimer à leurs études premières des hommes qui, s'appuyant sur la science comme sur le métier, conçoivent et dirigent d'importants travaux, en même temps qu'ils deviennent les chefs éclairés de grandes usines et de nombreuses manufactures.

S'il y en a qui, mlagré leur mérite, n'atteignent pas d'aussi hautes situations, c'est qu'il n'est pas donné à tous d'aller à *Corinthe*. Mais ceux-là n'ont-ils pas travaillé néanmoins en vue d'aider aux progrès des carrières qu'ils ont embrassées?

La science et l'industrie ne s'élèvent pas uniquement par les grandes inventions. Elles grandissent aussi par la perfection et l'amélioration des détails, par certains perfectionnements qui, pour être peu accusés d'abord, ne demeurent pas moins effectifs et durables.

Si le rôle de ceux d'entre vous, mes chers camarades, qui ne sont encore que des sous-officiers, peut vous paraître effacé, croyez qu'en raison des services que vous rendez et que vous êtes appelés à rendre, ce rôle est loin d'être sans intérêt et sans but.

Tous, unissons-nous donc pour concourir à propager l'utilité des Écoles d'arts et métiers. Donnons-nous la main pour agrandir, d'un commun accord, les horizons qu'elles nous ouvrent, et disons-nous bien qu'il n'est pas un seul parmi nous qui ne puisse être appelé à apporter sa pierre à l'édifice que des générations d'anciens élèves ont élevé, que nous entendons continuer et que nous venons affermir aujourd'hui en fêtant le centième anniversaire de la fondation des Écoles.

Buvez, mes chers camarades :

A l'union de plus en plus étendue des théoriques et pratiques études, laquelle est la base de la fortune des Écoles d'arts et métiers.

Au développement de l'enseignement technique que chaque ancien élève doit rechercher comme un moyen certain de s'élever;

A l'esprit de camaraderie, qui, armé de tels leviers, doit nous aider à augmenter et à propager l'influence de nos Écoles, dont la Société des anciens élèves est certainement aujourd'hui l'expression la plus complète.

TOAST DE M. CHARLES ARMENGAUD

VICE-PRÉSIDENT DE LA SOCIÉTÉ, MEMBRE DE LA COMMISSION DU CENTENAIRE.

Mes chers camarades,

En réponse au discours de l'honorable M. Tresca, permettez à l'un de vos plus anciens condisciples de porter un toast à la confraternité de la Société des ingénieurs civils et de la Société des anciens élèves des Écoles d'arts et métiers.

Le comité de la Société des ingénieurs civils a toujours accueilli avec empressement dans son sein ceux de nos camarades qui désiraient en faire partie. C'est afin de cimenter cette bonne et utile confraternité entre deux Sociétés qui rivalisent pour contribuer au développement de notre industrie nationale que je vous propose de porter un toast amical à la Société des ingénieurs civils en la personne de son Président actuel, l'honorable M. Gottschalk et de son Comité.

TOAST DE M. GOTTSCHALK

PRÉSIDENT DE LA SOCIÉTÉ DES INGÉNIEURS CIVILS.

Messieurs,

Je compte parmi vous nombre d'amis et de collègues qui ont contribué par leurs suffrages à la position honorifique qui me vaut d'assister aujourd'hui à votre fête du Centenaire.

Je saisis cette occasion pour les remercier de tout l'honneur qu'ils m'ont fait et pour engager ceux qui ne sont pas encore nos collègues à venir nous rejoindre sur le véritable terrain du génie civil et de l'initiative privée; sur les deux mille et quelques membres de votre association, nous en comptons à peine cent cinquante à la Société des ingénieurs civils.

En qualité de Président de cette Société, permettez-moi de vous rappeler que nos devanciers, en fondant cette institution, ont eu pour but de réunir en une seule famille tous les ingénieurs civils, quelles que soient leurs origines et les Écoles d'où ils sont sortis.

Cette tradition a été précieusement conservée jusqu'à ce jour, et notre Société, son Comité et son Bureau vous offrent l'exemple d'ingénieurs civils appartenant à toutes les Écoles techniques, tous animés du même dévouement à la cause commune, tous unissant leurs efforts par le développement et la propagation, par l'initiative privée, des sciences appliquées aux grands travaux de l'industrie.

Fidèle à cette même pensée, je vous propose un toast à l'union de tous les ingénieurs, sans distinction d'origine, en même temps que je bois au succès des Écoles des arts et métiers, dont l'extension ne peut que contribuer à la prospérité de la patrie.

TOAST DE M. DUGUÉ

MEMBRE DE LA SOCIÉTÉ.

Messieurs et chers camarades,

Cette fête solennelle n'est pas seulement le signe manifeste de la reconnaissance pour le duc de La Rochefoucauld, sentiment dont les élèves des arts et métiers ont donné tant de preuves. Cette réunion est aussi une manifestation en faveur des idées libérales et philosophiques qui ont présidé à la création des Écoles d'arts et métiers.

L'époque où fut créé le premier établissement précédait de peu l'avènement de la Révolution française. Les travaux des encyclopédistes, des Voltaire, Rousseau, d'Alembert, Diderot, avaient imprégné les esprits d'idées généreuses et rénovatrices.

Le vent soufflait aux réformes, et quelques grands seigneurs n'avaient pas été les derniers à aspirer cet air si nouveau pour eux.

La Rochefoucauld fut l'un de ceux-là.

Sa bienveillance naturelle, ses grandes qualités de cœur s'allièrent avec les idées libérales et philosophiques de l'époque et de là sortirent toutes les œuvres qui illustrèrent cet homme de bien :

Création des Écoles des arts et métiers;

Propagation de la vaccine;

Organisation des hôpitaux.

Quel exemple touchant, profond dans ses origines, fécond dans ses applications, que celui de ce seigneur de haute noblesse, imbu de tous les préjugés d'une caste supérieure, venant fonder un des organes les plus sûrs de l'émancipation du peuple, un foyer d'instruction pour ses enfants et d'*instruction spéciale* appropriée aux besoins les plus impérieux de sa vie, c'est-à-dire de la culture, du métier indispensable et des notions scientifiques qui doivent éclairer ce travail manuel, le perfectionner, le répandre, et finalement arriver à sa glorification après son émancipation !

Grande et sublime idée que celle de l'instruction populaire et professionnelle !

Toutes les questions sociales qui sont comme agglomérées à l'horizon pourront se résoudre sans commotions terribles par le seul fait de l'étude et du libre examen quand les hommes seront préparés par l'instruction dirigée dans le sens de leurs aptitudes et de leurs besoins.

Il faut laisser en arrière le fatras de préjugés et de craintes qui paralyse le mouvement en avant, fonder des Écoles professionnelles.

L'avenir est là, car le champ des mines de toute sorte à exploiter dans notre beau pays est immense, et le travail, aidé de la science, réalise des événements prodigieux :

La télégraphie,

Le téléphone,

Les applications diverses de l'électricité sont déjà de vieilles choses et seront mises au second plan par des découvertes nouvelles.

Tout cela, œuvre du travail national persévérant dont les élèves des arts et métiers sont les collaborateurs éclairés et actifs.

Je reviens à nos Écoles, à nos chères Écoles, ruches du travail de nos jeunes ans, où tous, animés des meilleurs sentiments d'amitié, de confraternité, nous faisions dans nos ateliers de l'enseignement mutuel. Nous le savons bien, nous, quel franc esprit de camaraderie nous animait et nous anime encore à l'heure actuelle.

La création de la Société des anciens élèves, qui compte aujourd'hui plus de 2,000 membres, est due à cet excellent esprit de confraternité.

Cette Société aide de ses secours les amis dans l'infortune, propage les arts industriels et entretient l'esprit du travail théorique par ses publications justement honorées.

Voilà la réponse aux calomniateurs qui, à propos d'incidents fâcheux grossis à plaisir, ont qualifié les Écoles et les élèves des expressions les plus outrageantes.

Heureusement nous sommes au-dessus de cela.

Nous avons une histoire et une tradition écrites.

Nous avons passé par toutes les misères depuis l'enfantement de la *Ferme de la Montagne*;

Militarisme sous le premier Empire;

Persécutions cléricales dans l'Ouest;

Abaissement odieux sous la Restauration;

Plan de destruction par la réaction après 1848, etc., etc.

Rien n'y a fait. Les Écoles sont encore debout et, nous l'espérons avec certitude, le gouvernement de la République va en fonder une quatrième.

Le secret de la puissance de vie des Écoles des arts et métiers est dans leur nature même.

Elles sont essentielles comme le travail manuel dont elles sont les éducatrices.

Elles sont rationnelles parce qu'elles enseignent les matières mêmes du métier; et quoi faire sans le métier?

Quel ingénieur véritable peut en être ignorant?

TOAST ADRESSÉ PAR M. AUPHAN

MEMBRE DE LA SOCIÉTÉ, PROMOTEUR DU CENTENAIRE.

Messieurs et chers camarades,

Il est profondément pénible à l'un de vos doyens de ne pouvoir assister, à raison de son grand âge et de l'état de sa santé, à une fête appelée depuis longtemps par les vœux de son cœur, et dont la reconnaissance lui suggéra la pensée de faire la première proposition.

Je dis la reconnaissance, car je garderai éternellement le souvenir de la protection paternelle dont le vénéré duc de La Rochefoucauld m'honora pendant mon séjour à l'École d'Angers, comme après ma sortie en 1820. Je conserve précieusement une lettre de lui datée du 6 mars 1827, m'annonçant un avancement de grade.

J'ai eu le bonheur de voir souvent cet homme de bien, soit chez lui, soit au Conservatoire des arts et métiers où il m'avait fait placer, jusqu'au moment où je quittais Paris pour aller occuper dans le Gard un emploi de conducteur des ponts et chaussées. Lorsque je fus le remercier, en particulier, de ses démarches pour me faire obtenir un poste qui me rapprochait de mon pays et de ma famille, il me prit la main et me donna ce dernier conseil où se peint la noble générosité de son âme : « Vous allez, mon ami, résider dans un pays mixte, aux passions ardentes, mais généreuses. Conservez les sentiments religieux que vous tenez de votre famille; ayez en politique les sentiments et les convictions d'un bon citoyen, mais retenez bien ceci : respectez les sentiments et les convictions d'autrui, afin qu'on respecte les vôtres. Attachez-vous à bien remplir les devoirs de votre emploi. Comptez sur la continuation de l'intérêt que je vous porte ainsi qu'à tous les bons élèves de nos chères Écoles. »

Ces paroles sont restées dans ma mémoire, et je suis heureux de les rappeler après cinquante-neuf ans, au moment où la célébration du premier Centenaire de nos Écoles fait apparaître parmi nous la noble et vénérable figure de celui qui en fut le promoteur et le constant protecteur.

C'est parce que le promoteur des Écoles d'arts et métiers était un homme de progrès, un esprit large et prévoyant que je termine en vous proposant le toast suivant :

A la mémoire de l'illustre duc de La Rochefoucauld-Liancourt! Au progrès incessant des Écoles d'arts et métiers!

TOAST DE M. ARMENGAUD AINÉ

MEMBRE DE LA COMMISSION DU CENTENAIRE.

Messieurs,

A la mémoire de nos premiers maîtres et de nos camarades qui ne sont plus!

A la mémoire des directeurs, des chefs d'atelier, des professeurs, qui ont guidé nos premiers pas dans la carrière industrielle!

Et des anciens élèves qui, par de constantes études, par leur persévérance, par leurs œuvres, ont illustré les Écoles des arts et métiers, et démontré l'utilité, l'importance des services qu'elles rendent à l'industrie!

A la mémoire des CADIAT, des FLAUD, des HOUEL, des CAILLET, et de tant d'autres qu'il est bon de citer comme modèles à nos jeunes camarades, pour leur montrer que l'on arrive toujours par l'instruction et le travail!

Quand, à notre époque, on réunit comme vous la théorie à la pratique on doit faire des merveilles.

Comptez donc sur le succès, mes chers camarades, si vous marchez sur les traces de ces grands travailleurs, et dites avec nous : « Honneur à leur mémoire! »

Dans le toast porté par notre camarade Trotabas, et que nous avons reproduit page 119, on a remarqué qu'il est fait allusion à divers télégrammes adressés au président du Centenaire, pendant le banquet, par d'anciens élèves réunis au même moment dans diverses villes de France et d'Algérie.

Nous nous faisons un devoir de transcrire ici, dans leur éloquente simplicité télégraphique, les principales dépêches qui sont parvenues à M. Martin :

D'Alger,

Martin, Président Centenaire, Hôtel Continental, Paris.

51 anciens élèves réunis en banquet à Alger, hôtel Genève, se joignent de cœur aux camarades de Paris pour fêter Centenaire. Salut et fraternité.

Président : BEDON.

D'Angoulême,

Président banquet anciens élèves d'Arts et Métiers, Hôtel Continental, Paris.

Malgré vif désir, n'ayant pu assister à la fête du Centenaire, portons un toast aux anciens élèves que réunissent à cette fête les sentiments de fraternité.

JEANNIN, etc.

De Bordeaux,

Écoles d'Arts et Métiers, Hôtel Continental, Paris.

Merci de votre sympathie, 100 anciens élèves, réunis en banquet à Bordeaux, envoient à leurs camarades réunis à Paris l'expression de leurs sentiments fraternels.

Le Président : CHAMPON.

De Châteauroux,

Président du Centenaire des Écoles d'Arts et Métiers, Hôtel Continental, Paris.

Les sociétaires de l'Indre, à Châteauroux, tout en témoignant du regret qu'ils ont de ne pouvoir assister aux fêtes du Centenaire, assurent à leurs camarades présents au banquet qu'ils ont assisté de cœur à la manifestation de ce jour et les prient de recevoir leur cordiale sympathie.

LOUET, CITREUX, BABON, ACOLAS, BICHAT, etc.

De Chinon,

Président banquet Centenaire, anciens élèves Arts et Métiers, Hôtel Continental, Paris.

Anciens élèves résidant patrie Rabelais s'associent tout cœur à idée qui réunit ce jour leurs camarades. Solidarité.

MESSIAN, AUSSILLAIN, etc.

De La Rochelle,

Président Société anciens élèves Arts et Métiers, Hôtel Continental, Paris.

Cibeau 1869-72, Deforme 1872-75, s'associent de cœur à la célébration du Centenaire et se rappellent au souvenir de leurs camarades.

DEFORME, etc.

De Marseille,

Président Centenaire, hôtel Continental, Paris.

Camarades cercle Marseille réunis en banquet s'unissent à vous pour porter toast à la mémoire du bienfaiteur duc de La Rochefoucauld.

CORNUBERT, président; ROSSAT, COURONNE, vice-présidents.

D'Oran,

Trotabas, rue des Tournelles, 15, Paris.

Province Oran, grand banquet commémoratif Centenaire, toast fraternel aux camarades de la Métropole et à ancien Président.

COUSIN, etc.

Des télégrammes de remerciements et de fraternelle sympathie ont été immédiatement adressés à tous ces camarades, qui ont pu ainsi les recevoir pendant la célébration même de la fête.

Le repas terminé, tous les convives se rendent à la magnifique salle du premier étage où le café et les liqueurs ainsi que d'excellents cigares sont servis à tout le monde. On écoute encore quelques morceaux de la musique de la Garde Républicaine, ce qui permet à la véritable armée de garçons de l'hôtel Continental d'enlever en un clin d'œil dans la salle des fêtes du rez-de-chaussée le couvert, les tables, les chaises, tout en un mot. Une estrade est rapidement installée, un piano y est hissé, des paravents de velours rouge sont dressés en guise de coulisses, plusieurs centaines de chaises sont symétriquement disposées en rangs dans toute l'étendue de cette immense salle, et la soirée artistique va commencer.

La deuxième série de nos invités est déjà arrivée depuis plus d'une demi-heure, ce qui porte l'assistance au nombre respectable de huit à neuf cents auditeurs. Les fumeurs du premier étage abandonnent vivement leurs cigares, tout le monde descend pour se placer à temps et ne rien perdre de cette représentation dont le programme est des plus attrayants.

Les invités et les représentants de la presse sont assis aux premiers rangs, tous les camarades s'installent ensuite de leur mieux.

Il ne saurait entrer dans nos prétentions de donner même une idée de la valeur artistique de cette soirée, il nous faudrait pour cela nous ériger en critique d'art, ce qui exige des connaissances et une expérience qui nous font absolument défaut.

Les noms seuls des artistes qui avaient bien voulu nous prêter leur concours suffisent à faire comprendre combien cette soirée a été brillante de tous points :

Mmes Marie Hamann, de l'Opéra.
Baretta, de la Comédie française.
Judic, des Variétés.

MM. Melchissédec, de l'Opéra.
Duchesne, de l'Opéra.
Coquelin aîné, de la Comédie française
Coquelin cadet, de la Comédie française;

Le piano était tenu par M. Émile Bourgeois.

Voici le programme des morceaux de chant ou de littérature qui ont été donnés par ces éminents artistes :

PREMIÈRE PARTIE.

Souvenir des Vieilles Guerres . . . Victor Hugo et Altès.

Par M. Melchissédec.

Le chevalier Printemps . . . . . E. Plouvier.

Par Mlle Baretta.

Duo de *Mireille*. . . . . Gounod.

Par Mlle Hamann et M. Duchesne.

Chanson du *Colonel* (*la Femme à Papa*). Hervé.

Par Mme Judic.

J'aime les femmes . . . . G. Lorin.

Par M. Coquelin cadet.

Invocation. . . . . GLATIGNY et G. BÉRARDI.

Par M. MELCHISSÉDEC.

Scène de *Démocrite* . . . . REGNARD.

Par Mme JUDIC et M. COQUELIN aîné.

DEUXIÈME PARTIE.

Romance de *Martha* . . . . FLOTOW.
Couplets de *Rigoletto*. . . . . . VERDI.

Par M. DUCHESNE.

Les Écrevisses . . . . J. NORMAND.

Par M. COQUELIN aîné.

J'ai pleuré (chanson) . . . . X...

Par Mme JUDIC.

Air de *Hernani*. . . . . VERDI.

Par Mlle HAMANN.

Duo de *la Muette* . . . . AUBER.

Par MM. DUCHESNE et MELCHISSÉDEC.

Un homme à la mer . . . . E. MORAND.

Par M. COQUELIN cadet.

Ne m'chatouillez pas (chanson) . . . . X...

Par Mme JUDIC.

TROISIÈME PARTIE.

Le vase brisé, la Colombe et le Papillon. X...

Par Mlle BARETTA.

Les Tartines . . . . X...

Par Mme JUDIC.

Le Naufragé. . . . . F. COPPÉE.

Par M. COQUELIN aîné.

Ravissant spectacle, comme on voit; véritable soirée de gala!

On trouvera parmi les articles publiés par les divers journaux, et que nous reproduisons plus loin, les appréciations unanimes de MM. les représentants de la presse; néanmoins l'entrefilet suivant, qui a paru dans la *Petite République française* du mercredi 11 août, fait voir que les connaisseurs eux-mêmes ont été émerveillés :

Nous n'avons jamais assisté à une soirée musicale et artistique aussi intéressante que celle qui a clos dimanche soir, à l'Hôtel Continental, la série des divertissements offerts aux anciens élèves des Écoles d'Arts et Métiers pour célébrer le Centenaire dont nous avons rendu compte.

Les deux Coquelin, frénétiquement applaudis par un public des plus connaisseurs, ont déployé la verve la plus étourdissante. M. Coquelin aîné a joué avec Mme Judic la scène du *Démocrite* (arrangée, croyons-nous, par M. Regnard), dans laquelle ont concouru, au Conservatoire, le jeune Galipaux et Mlle Amel. Ç'a été un vrai régal de gourmets. Quelle adorable comédienne et quelle fine mouche, que cette Judic! la Comédie française n'a pas de soubrette qui lui aille à la cheville.[1]

M. Coquelin aîné a dit ensuite *le Naufragé*, de Coppée, et *les Écrevisses*, de Jacques Normand, conduisant ses auditeurs de l'émotion la plus vive au rire inextinguible. Son frère a prolongé l'hilarité générale en débitant, avec le flegme britannique que l'on sait, deux monologues insensés : *J'aime les femmes* et *Un homme à la mer*.

La partie littéraire devait comprendre une comédie inédite en un acte et en vers : *les Yeux fermés*, par M. Jacques Normand; mais l'heure avancée n'a pas permis de la jouer. Nous avons eu en revanche quelques morceaux non inscrits au programme; par exemple deux pièces de vers qui ont valu de longs bravos à la charmante Mlle Baretta.

Très en voix, MM. Melchissédec, Duchesne et Mlle Hamann, accompagnés sur le piano par M. Émile Bourgeois, ont tenu, et au delà, les promesses du programme pour la partie musicale. Il était 1 heure 1/2 quand Mme Judic a dit sa dernière chanson. Cette ravissante soirée restera longtemps dans le souvenir des artistes d'élite qui y ont pris part, car ils ont été rarement mieux compris et plus chaleureusement fêtés.

Il est une heure trois quarts du matin quand on passe de la salle des fêtes au buffet qui est installé dans la cour couverte, à la place où se tenait il n'y a qu'un instant la musique de la Garde Républicaine. Le champagne coule à flots, les bières, les sirops glacés, les sandwichs, les viandes froides, les petits fours, les glaces circulent avec une rapidité vertigineuse.

Le jour commence à poindre quand on se sépare en se donnant

rendez-vous, non pas au prochain..... Centenaire, comme l'a dit un journal du matin qu'on lira plus loin, mais à la plus prochaine occasion; les uns au banquet de février 1881, les autres à l'Assemblée générale de septembre, d'autres enfin, aux divers banquets des grandes villes de France.

Puissent les futurs élèves des Écoles nationales d'Arts et Métiers célébrer plus grandement encore si c'est possible le deuxième Centenaire de la fondation !

Puissent les futurs élèves tenir toujours haut et ferme le drapeau de nos chères Écoles !

Puissent les Écoles fournir toujours des sujets valeureux et patriotiques, qui travaillent sans relâche à rehausser l'industrie de notre chère France !

Puissent la fraternité et la solidarité toujours animer les anciens élèves des Écoles nationales d'Arts et Métiers !

Tels sont les vœux sincères que nous formulons en terminant le compte rendu de cette grandissime fête, qui restera éternellement dans la mémoire et dans le cœur de ceux qui ont eu le bonheur de pouvoir y assister.

Albert Cahen.

Secrétaire de la Commission du Centenaire.

IV

PRINCIPAUX ARTICLES DE JOURNAUX

RELATIFS A LA FÊTE DU CENTENAIRE

Le Petit Journal du mardi 3 août 1880.

AUTRES TEMPS, PIRES MOEURS.

Dimanche prochain, 8 août, sera célébré le Centenaire de la fondation des Écoles d'arts et métiers.

La question de l'enseignement industriel pratique étant très importante, j'étudie depuis un mois, à mes rares moments de loisir, les documents que j'ai pu recueillir sur les Écoles d'arts et métiers.

Comme toujours, dans ces études spéciales, plus je vais au fond des choses, plus je suis intéressé, plus s'agitent en moi des idées surexcitées et des aperçus nouveaux.

Je crois avoir assez creusé la question des Écoles d'arts et métiers pour l'exposer; mais, au moment de commencer mon article, je m'aperçois que la vie et la mort du fondateur de ces écoles, le duc de La Rochefoucauld-Liancourt, fournissent une ample matière à réflexions applicables au temps présent.

On parle d'épuration! on crie lorsque de trop débonnaires ministres révoquent des fonctionnaires qui se font gloire de mépriser le gouvernement qui les paie!

Écoutez l'histoire du duc de La Rochefoucauld-Liancourt, et vous verrez combien est justifié le titre de cette chronique : Autres temps, pires mœurs.

Le duc de La Rochefoucauld-Liancourt, héritier par l'esprit de l'auteur des *Maximes*, mais le cœur échauffé par la philanthropie naissante et par le pressentiment des temps nouveaux, fut un des premiers seigneurs de la cour de Louis XV accessibles aux idées philosophiques.

Le premier, il joignit la pratique à la théorie; il créa d'abord dans son domaine de Liancourt une ferme modèle, puis il y établit une école ouvrière qui fut l'origine des Écoles d'arts et métiers.

Je noterai les transformations dans un article spécial consacré aux choses; c'est de l'homme que je m'occupe aujourd'hui.

Élu député à l'Assemblée nationale, il fut du parti du progrès et des réformes, tout en restant attaché au roi. Président de l'Assemblée, il se montra toujours libéral, jamais révolutionnaire.

La Révolution le chassa.

Il consacra ses longues années d'exil à la continuation de ses études sociales en Angleterre et en Amérique; il rapporta de grandes améliorations qu'il appliqua plus tard au régime des hôpitaux et des prisons; bienfait plus appréciable encore, il devint fanatique de la vaccine qu'il introduisit en France.

Un tel homme est un bienfaiteur de l'humanité, dites-vous; vous n'avez pas tort; vous ajoutez que la reconnaissance des gouvernements et des peuples a dû s'attacher à lui.

La reconnaissance du peuple, oui; celle des gouvernements, non.

Le peuple avait pris possession de la ferme, de l'école et du domaine de Liancourt; il les conserva pour les rendre au véritable propriétaire à son retour en France.

L'État ayant accaparé la fondation des Écoles d'arts et métiers, le duc de La Rochefoucauld-Liancourt en fut nommé inspecteur général à titre purement honorifique; c'est au même titre qu'il faisait partie de commissions et de comités des prisons, des hôpitaux, de la vaccine, etc.

Un de ses biographes, M. Guettier[1], dit quelque part que le duc de La Rochefoucauld-Liancourt ne se faisait même pas payer ses frais de voyage.

Sous le Consulat, sous l'Empire, à la première Restauration, sous les Cent-Jours, pendant les premières années du règne de Louis XVIII, le grand philosophe fut respecté et honoré.

1. *Histoire des Écoles nationales des arts et métiers;* ouvrage dont nous aurons à parler longuement à propos du Centenaire.

Mais il était libéral et tôt ou tard la camarilla devait le frapper. Le coup lui fut porté en 1823.

Je laisse la parole à M. Guettier :

On commença par lui retirer la place d'inspecteur des Écoles; mais au lieu de la lui enlever franchement, on admit qu'il était nécessaire de transférer l'École de Châlons à Toulouse, et, *sous ce prétexte* on supprima l'inspection générale pour en confier les fonctions à un directeur général, auquel un traitement important fut alloué.

Les tracas que suscita cette affaire au duc de La Rochefoucauld furent bientôt suivis d'autres ennuis, à la suite desquels il se décida à se démettre de ses fonctions de membre du conseil général des prisons.

Comme conséquence de cette résolution, les divers emplois dont le duc restait titulaire lui furent instantanément et quelque peu brutalement retirés.

Et remarquez que M. Guettier n'est pas, ou tout au moins n'affiche pas, dans son livre, publié pendant l'Empire, des sentiments républicains, ni même d'opposition.

L'indignation lui arrache des paroles vengeresses.

Il est juste d'ajouter que le duc de La Rochefoucauld était de taille à se défendre.

Voici le texte de la réponse qu'il adressa au ministre à la notification de l'ordonnance de retrait *qui lui fut signifiée* le 15 juillet 1823 :

Monsieur le Ministre,

J'ai reçu la lettre que vous m'avez fait l'honneur de m'écrire en date d'hier, m'annonçant que, par ordonnance du roi, Sa Majesté m'a retiré les fonctions d'inspecteur du Conservatoire des arts et métiers, de membre du Conseil général des prisons, du Conseil général des manufactures, du Conseil d'agriculture, du Conseil général des hospices de Paris et du Conseil général du département de l'Oise.

Je ne sais comment les fonctions de président du Comité pour la propagation de la vaccine, que j'ai introduite en France, en 1800, ont pu échapper à la bienveillance de Votre Excellence, à laquelle je me fais un devoir de les rappeler.

J'ai l'honneur d'être, etc.

Le duc DE LA ROCHEFOUCAULD.

Un ministre homme d'esprit eût lutté d'impertinence et révoqué le duc... pour lui être agréable; celui de la Restauration supprima sournoisement le Comité de propagation de la vaccine.

Un homme aux idées libérales était traité, sous la Restauration, en ennemi public, tout au moins à la fin du règne de Louis XVIII, qui avait été lui-même libéral dans sa jeunesse, et surtout sous Charles X.

La haine de ce libéralisme fit commettre au gouvernement une lourde faute et une lâcheté ; le duc de La Rochefoucauld-Liancourt fut persécuté après sa mort (27 mars 1827).

Je lis dans l'ouvrage de M. Guettier :

Les obsèques du duc de La Rochefoucauld furent témoins de scènes de désordres et de scandale sur lesquelles nous chercherons à glisser, ne pouvant les écarter si nous voulons rester dans le domaine de l'histoire.

Les anciens élèves des Écoles de Châlons et d'Angers, présents à Paris le jour des funérailles, tinrent à honneur de porter sur leurs épaules le cercueil de leur bienfaiteur. Ce fut dans Paris une grande émotion, celle qu'on a vue se reproduire en des circonstances identiques au décès de quelques personnages illustres ou célèbres à des titres divers.

L'ingratitude et l'animosité que versa le gouvernement de Charles X sur les dernières années du duc de Liancourt, la haine instinctive que portaient les masses ouvrières et libérales au gouvernement de la Restauration, qui allait bientôt disparaître, mais plus encore, la manifestation d'une pieuse et louable reconnaissance amenèrent des démonstrations fâcheuses, sans doute, mais qui ne méritaient pas la répression brutale dont l'autorité usa dans cette circonstance.

La police intervint avec une *ardeur sauvage*, disent les mémoires que nous consultons. Au lieu d'appeler l'ordre, elle le troubla, et les cendres de l'homme de bien furent un instant souillées par des contacts sacrilèges.

Je ne me suis pas contenté de ces indications sommaires, et j'ai recouru aux journaux de l'époque.

Ce fut, en effet, une agression scandaleuse.

L'émotion dut être des plus violentes, car le *Journal des Débats*, qui était alors plus solennel encore qu'aujourd'hui, consacre son premier Paris à ce triste événement.

Les obsèques du duc de La Rochefoucauld-Liancourt eurent lieu le 30 mars.

Voici le récit du *Journal des Débats* :

A dix heures du matin, les anciens élèves de l'École des arts et métiers de Châlons, dont l'illustre défunt avait été longtemps inspecteur général et le bienfaiteur, s'étaient réunis à son hôtel et ont porté eux-mêmes ses dépouilles mortelles à l'église (la Madeleine).

... Après le service divin, les jeunes gens se disposaient à continuer jusqu'à la barrière Clichy (où le corps devait être mis en fourgon pour être porté à Liancourt) l'hommage par lequel avait commencé la cérémonie funèbre.

A l'instant, un des officiers supérieurs, commandant l'un des détachements de l'escorte funèbre, s'est avancé vers le groupe qui voulait s'emparer du cercueil, et a déclaré qu'il était intervenu une défense de porter le corps autrement que dans le corbillard et a manifesté l'intention d'exécuter par la force l'ordre qu'il avait reçu.

Cette défense a paru si inexplicable, surtout d'après la manière décente dont la translation avait eu lieu, depuis l'hôtel de M. le duc de La Rochefoucauld jusqu'à l'église, que les jeunes gens n'ont pas cru devoir déférer à une intimation verbale *émanée de l'autorité militaire, que ne confirmait d'ailleurs aucune loi promulguée*, aucune ordonnance connue de police, et contraire à une foule d'exemples assez récents, qui n'avaient pas même provoqué le plus léger murmure. Ils se sont donc mis en état d'exécuter ce qu'ils avaient très innocemment projeté.

Alors l'officier dont nous venons de parler s'est permis d'employer la violence; les baïonnettes ont été mises au bout des fusils; plusieurs jeunes gens ont été frappés; des témoins dignes de foi nous assurent même qu'il y a eu des blessures graves, *que le sang a coulé et que*, dans ce désordre affreux, le cercueil d'un ami de l'humanité, du plus respectable des hommes, abandonné par les mains qui le soutenaient, a été *précipité et est resté quelque temps dans le ruisseau!...*

On l'a enfin relevé; il a été placé sur le corbillard. Le cortège s'est remis en route...

Les journaux monarchistes accusent volontiers les républicains de jouer avec les cadavres. L'accusation, on le voit, peut être retournée contre eux.

Notre intention n'est pas d'entrer dans la voie des récriminations et des représailles.

Mais ne vous semble-t-il pas que l'histoire du duc de La Rochefoucauld-Liancourt, qui redevient d'actualité à cause du Centenaire des Écoles des arts et métiers, renferme des enseignements applicables au temps présent?

Et ne pense-t-on pas que ces souvenirs doivent rendre moins acrimonieux les ennemis d'une République qui sévit seulement, quand elle sévit dans le cas de légitime défense?

THOMAS GRIMM.

Le Petit Journal du mercredi 4 août 1880.

LE CENTENAIRE DES ÉCOLES D'ARTS ET MÉTIERS.

Je complète sans désemparer ce que j'ai à dire des Écoles d'arts et métiers; si habitué que je sois à ce que j'appelle l'excitation de la publicité, j'ai constaté parmi les anciens élèves des Écoles d'arts et métiers un sentiment de solidarité qui leur fait grand honneur et qui témoigne de la force des liens qui unissent les générations industrielles sorties de ces Écoles.

Cela seul serait la justification de ces Écoles, lesquelles, il faut bien que je le dise, sont encore discutées, faute, je le crois, d'être bien connues.

Les Écoles d'arts et métiers, cependant, contiennent en germe l'enseignement de l'avenir.

L'instruction dite classique s'écroule de vétusté; elle ne répond plus du tout aux besoins de la civilisation moderne transformée par la vapeur et par l'électricité.

Des universitaires eux-mêmes s'étonnent de ce que le solennel discours latin de la distribution des prix du concours général à la Sorbonne ait été conservé malgré sa ridicule inutilité.

Après-demain, un professeur de rhétorique s'ingéniera, comme les années précédentes, à trouver des périodes cicéroniennes que personne n'écoutera...

Mais la réforme a mis sa cognée dans le vieux chêne universitaire.

En attendant que les programmes soient transformés et les grades, les Écoles du commerce et de l'industrie gagnent tous les jours du terrain : Écoles de la Ville de Paris, Écoles commerciales, etc.

Les Écoles d'arts et métiers, telles qu'elles sont encore constituées, occupent un rang tout à fait à part dans l'organisation de l'enseignement. Elles tiennent de l'apprentissage par la pratique manuelle et de la spéculation scientifique par les cours théoriques.

Elles forment un intermédiaire entre l'atelier et l'École centrale des arts et manufactures.

Les élèves des Écoles des arts et métiers ont à leur sortie, ce qui est l'idéal de la vie pratique, un métier qui leur permettra de vivre toujours; ouvriers, s'ils n'ont qu'une intelligence médiocre ou si la chance ne leur sourit pas; ingénieurs ou chefs d'industrie, si à la pratique nouvelle ils joignent l'intelligence théorique ou inventive.

Leur certificat d'études est une garantie, ce n'est pas un titre.

Tandis que les autres écoles du gouvernement donnent des titres et des situations, les Écoles des arts et métiers font des hommes et non des fonctionnaires.

Je n'abuserai pas de l'occasion pour exposer de nouveau mes idées en cette matière. On les connait. Je trouve que l'État est et fait beaucoup trop de choses; dans les Écoles d'arts et métiers, il est et fait trop ou trop peu.

Mais, soyez sans crainte, le cadre des Écoles à la fois pratiques et théoriques existe; il s'est formé peu à peu; il a survécu après avoir subi de mortelles atteintes.

Le jour où l'enseignement industriel sera une nécessité, il suffira d'établir une École d'arts et métiers dans chaque région, d'élargir les programmes et de perfectionner l'outillage.

Ainsi que je l'ai dit hier, les anciens élèves des Écoles d'arts et métiers fêteront, le dimanche 8 août prochain, le centième anniversaire de la fondation de la première École par le duc de La Rochefoucauld-Liancourt.

Il y aura pèlerinage à Liancourt (Oise), berceau des Écoles; banquet à l'Hôtel Continental et soirée.

Ce sera une belle fête; la Société des anciens élèves, dont le siège est 36, rue Vivienne, compte 2,000 membres; elle est riche, et ce qui vaut mieux, elle rend de continuels services, servant de lien entre tous les anciens élèves des trois Écoles.

Pourquoi le Centenaire est-il fêté en 1880? les Écoles d'arts et métiers passent pour une création du Consulat; tout au moins l'installation de la première École à la Montagne, dans le domaine de Liancourt, eut lieu en 1788...

A ces questions, M. Guettier répond dans son *Histoire des Écoles nationales des arts et métiers*, édition du Centenaire :

Le 6 juillet dernier (1879), l'un de nos doyens, le camarade Auphan, âgé de plus de quatre-vingts ans, architecte à Alais, sorti de l'École d'Angers en 1820, présidait à Camont-les-Bains un banquet d'anciens élèves venus des nombreuses localités industrielles de la contrée.

Il rappela aux convives réunis qu'il avait fait en janvier 1878, à la Société mère, une proposition relative au Centenaire des Écoles d'arts et métiers; que depuis, il avait écrit pour engager le président et le comité à examiner cette proposition d'une si grande importance, qu'étant résolue affirmativement, elle léguerait aux annales de la Société des souvenirs qui se conserveraient à jamais.

Sur cet avis, le Comité s'empressa de constituer une commission chargée d'étudier la question de date et d'opportunité. — Deux opinions se manifestèrent en principe.

L'une admettant la date de 1780, l'autre pensant que l'époque réelle de la fondation des Écoles devait être plutôt placée en 1788. — La chose fut examinée, discutée et tranchée après une sorte d'enquête portée auprès de la famille de La Rochefoucauld et des anciens habitants de Liancourt ayant connu le duc.

On admit définitivement la date de 1780 proposée par Auphan, et la célébration du centième anniversaire de la fondation des Écoles d'arts et métiers fut décidée.

L'Histoire des Écoles entre ensuite dans de longues explications desquelles il résulte que, en 1780, le duc de La Rochefoucauld-Liancourt entreprit ses voyages en vue de la création de son école industrielle.

Soit, je ne chicanerai jamais pour une anticipation de reconnaissance.

Il était d'ailleurs nécessaire, pour plusieurs motifs, que démonstration fût faite de l'origine des Écoles.

C'est dans le domaine de Liancourt, à la Montagne, ai-je dit, que fut établie la première École industrielle.

Dès le début, par une sorte de devination, le duc de La Rochefoucauld-Liancourt établit des ateliers à travailler le fer et le bois à l'aide des machines informes qui seules existaient alors. Mais c'était déjà la glorification des métaux et de la mécanique... future.

Grâce à l'École industrielle, je l'ai dit hier, le domaine de Liancourt put être conservé à son légitime propriétaire; mais après le 18 brumaire, l'École fut accaparée par l'État et transportée d'abord au château de Compiègne.

En 1806, Napoléon revendique le château de Compiègne pour la couronne et l'École fut transférée à Châlons.

Si peu favorable que fut le premier Empire au développement de l'industrie, la fondation du duc de La Rochefoucauld-Liancourt était si judicieuse et si bonne qu'une seule École parut insuffisante; un décret de 1804 avait ordonné la création d'une seconde École dans l'Ouest.

Elle fut établie à Beaupréau, d'abord, puis à Angers (1815).

Enfin, en 1843, la création d'une troisième École fut décidée pour le Sud. M. Thiers, alors tout-puissant, l'obtint pour sa ville natale, Aix en Provence.

Ce sont encore aujourd'hui les trois seules Écoles d'arts et métiers; véritables pépinières d'ouvriers hors ligne, de contre-maîtres expérimentés, de chefs d'industrie qui font honneur au génie français tant en France qu'à l'étranger.

Trop modestement dotées pour des Écoles d'État; trop peu encouragées, par suite de l'accaparement des situations officielles par les élèves de l'École polytechnique et de l'École centrale; ayant à lutter encore contre les préjugés que le travail manuel n'a pas vaincus, malgré l'évidente supériorité, à talent égal, d'un homme qui sait et peut faire tout ce qu'il ordonne aux ouvriers; ayant à agir contre des souvenirs d'insubordination, grossis plutôt qu'atténués, et même dénaturés, telle la malheureuse affaire de l'élève Guyot, au mois de janvier dernier, à Angers[1]; les Écoles d'arts et métiers ont en elles-mêmes un principe

1. On se rappelle que l'élève Guyot se blessa mortellement en jouant avec ses camarades. Ce malheur, coïncidant avec une révolte, fut exploité par les ennemis

de vie; c'est l'alliance, dès l'adolescence, de la pratique à la théorie.

Elles sont heureusement sorties de la période des tâtonnements; elles ne sont plus militarisées comme sous l'Empire; elles ne sont plus monacales comme sous la Restauration; elles sont industrielles.

Le recrutement se fait par des bourses accordées au concours; il y a aussi un certain nombre de places pour des élèves payants.

Les Écoles des arts et métiers sont donc à la fois des écoles pratiques et des diminutifs de la vie réelle.

Les riches vivent de la même vie que les pauvres et rien ne peut être meilleur pour les rapprochements sociaux.

De plus en plus, les places libres sont recherchées par les fils d'industriels qui sentent la nécessité de savoir travailler, d'être aussi forts que les ouvriers. Ce mouvement ne peut que se développer, et l'on peut prévoir le moment où, comme le demande M. Guettier, les Écoles d'arts et métiers pourront donner à leurs élèves les plus méritants des brevets d'ingénieurs civils ou d'aspirants ingénieurs.

Telles quelles cependant, elles peuvent être fières de leurs succès.

M. Guettier a relevé les récompenses décernées à l'Exposition universelle de 1878 aux anciens élèves des Écoles d'arts et métiers, tant au titre de chefs et directeurs d'établissements industriels qu'à celui de collaborateurs.

En voici la liste :

14 décorations de la Légion d'honneur dont un officier.

4 grands prix, dont deux diplômes d'honneur et deux grandes médailles.

46 médailles d'or.

60 médailles d'argent.

48 médailles de bronze.

40 mentions honorables.

Avec un tel bagage, on peut sans crainte célébrer le Centenaire d'une institution qui donne ces résultats.

THOMAS GRIMM.

Le Rappel du dimanche 8 août 1880.

LES ÉCOLES D'ARTS ET MÉTIERS.

L'Association des anciens élèves des Écoles d'arts et métiers fêtera demain le Centenaire de la fondation de ces Écoles.

des Écoles des arts et métiers. L'enquête judiciaire a démontré l'absolue innocence des camarades de Guyot. — T. G.

A la fin du siècle dernier, le duc de La Rochefoucauld-Liancourt fonda l'École de la *Montagne* où un très petit nombre d'enfants furent d'abord admis. Ils purent là, en même temps, étudier les mathématiques, la géométrie, la chimie, et, répartis en un certain nombre d'ateliers, apprendre de contre-maîtres menuisiers, forgerons et serruriers, tous les secrets de leur métier, depuis la fabrication de l'outil jusqu'à la confection du modèle le plus perfectionné.

L'École de Châlons-sur-Marne succéda à l'École de la Montagne, qui n'avait guère prospéré. Il fallut encore dix ans pour que l'on s'aperçût des excellents résultats que pouvait et devait produire l'idée de M. de La Rochefoucauld.

Mais l'État était fort parcimonieux : à ces lauréats de concours entre les meilleurs sujets des Écoles primaires de toute la France, il n'offrait qu'une installation insuffisante, un costume de bure grossière et une nourriture dérisoire. Ces enfants de quatorze à seize ans avaient pour déjeuner un peu de soupe et de fromage et pour dîner quelques fruits. Pas de vin.

Mais, au sortir de l'École, on ne tardait pas à devenir contre-maître, ingénieur, constructeur-mécanicien renommé, etc. L'École de Châlons devint bientôt une sorte d'École polytechnique en sous-ordre.

Avec le nombre des candidats s'éleva le niveau des examens. Bientôt l'insuffisance d'une seule École fut reconnue; l'École d'Angers, puis l'École d'Aix en Provence furent fondées. Aujourd'hui, ces Écoles sont encore trop étroites, et la fondation d'une quatrième a été reconnue nécessaire pour la région de l'Ouest. Il paraît probable que, comme les meilleurs élèves mécaniciens entrent dans la marine de l'État, cette École sera placée à proximité d'un grand port de mer, soit Rochefort, soit Bordeaux, et plus spécialement destinée aux mécaniciens.

L'association des anciens élèves des Écoles d'arts et métiers est aujourd'hui des plus florissantes. Fondée en 1846, elle compte près de 2,000 adhérents, entre lesquels elle constitue un lien de bonne camaraderie et d'appui mutuel.

Demain, le Centenaire réunira à Paris environ 1,400 sociétaires. Il y aura promenade à Liancourt, berceau de l'École, et grand dîner à l'Hôtel Continental. Nous rendrons compte de cette fête du travail.

Le Figaro du lundi 9 août 1880.

LE CENTENAIRE DE LA FONDATION

DES ÉCOLES D'ARTS ET MÉTIERS.

A LIANCOURT.

La gare du Nord offrait, hier matin, dès huit heures, un aspect rare. Cinq cent cinquante chapeaux noirs allaient de l'un à l'autre :

— Ah ! c'est toi ! Y a-t-il longtemps que nous ne nous sommes vus !...

— Dix ans. Et as-tu aperçu Alfred ?

— Oui, Dantier est là quelque part.

C'étaient les anciens élèves des diverses Écoles des arts et métiers qui se reconnaissaient.

Trois quarts d'heure après, on s'empilait dans un train spécial qui, ne s'étant arrêté qu'à Creil pour prendre de l'eau, arrivait à dix heures et quart à Liancourt!

Il paraît qu'il n'a guère plu à Paris. Que n'en a-t-il été de même à Liancourt!

Comme nous descendons du train, le premier adjoint, M. Pérot, un ancien élève, vient souhaiter la bienvenue à M. Martin, président de la fête, qui le remercie. Une première averse tombe.

On se dirige vers la statue du duc de La Rochefoucauld-Liancourt, fondateur des Écoles. Quel malheur que nous n'ayons pas le temps de parler du paysage où nous faisons une demi-lieue! Cette vallée de l'Oise est vraiment admirable.

Le soleil dissipe la pluie. Nous passons sous de nombreux arcs de triomphe. Le premier a été dressé par M. Albaret, un autre ancien élève. Il porte sur son fronton : *Honneur aux Arts et Métiers.* Le deuxième est l'œuvre de M. Bajac, encore un ancien élève. Il est fait en *coutres* de charrue et son écriteau rend hommage d'un côté au fondateur des Écoles et de l'autre « Aux pionniers de l'industrie ».

Nous arrivons au pied de la statue du duc, tout entourée de feuillage et d'oriflammes. Cette statue est l'œuvre de Maindron, l'auteur de *Velléda.*

Sur le socle nous lisons :

FRANÇOIS-ALEXANDRE-FRÉDÉRIC
DUC DE LA ROCHEFOUCAULD-LIANCOURT
PAIR DE FRANCE
NÉ LE 11 JANVIER 1747
MORT LE 27 MARS 1827

et au-dessous ces paroles prononcées à la Chambre des pairs par le duc :

« Il faut aider à tout ce qui est utile. Il faut attacher son nom à tout ce qui est bon. »

M. Martin monte sur une estrade et retrace en un discours, dix fois interrompu par les applaudissements, la longue carrière du duc de La Rochefoucauld.

Ses paroles font d'autant plus d'effet, que l'arrière-petit-fils du duc, le marquis de La Rochefoucauld, officier de cavalerie et propriétaire du château de Liancourt, est là. Il est venu de Saint-Germain pour assister à cette cérémonie. C'est un grand beau jeune homme, aux larges épaules, qui semble être taillé tout exprès pour faire un valeureux soldat.

A côté de lui est M. Lucien Arbel, sénateur de la Loire, maître de forges à Rive-de-Gier et sorti, lui aussi, des Arts et Métiers. C'est lui qui a imaginé de fabriquer *d'un seul morceau* de fer, à l'aide d'un pilon formidable, les roues de wagons, adoptées par toutes les Compagnies.

Un tonnerre d'applaudissements répond à M. Martin, qui rappelle que Maindron est, lui aussi, un ancien élève des Arts et Métiers, et que la magnifique statue devant laquelle nous sommes a été coulée en bronze avec les deniers de tous ses camarades.

Nouvelle averse. Nouvelle mise en marche. Nouvel arc de triomphe. On se dirige vers la *Ferme de la Montagne*, le berceau des Écoles. Tour à tour, huit fanfares jouent leurs plus gais morceaux. Sur chaque chemin, nous rencontrons une double haie de bourgeois et de paysans venus de cinq lieues à la ronde.

Très curieuses, les ruines de la vieille ferme où le duc fonda la première École. Bien des élèves, aujourd'hui millionnaires, ne peuvent se défendre d'une certaine émotion à la vue de ces débris auxquels ils doivent leur fortune.

Au milieu d'un déluge, M. Trotabas, lieutenant de vaisseau en retraite et ancien élève aussi, décrit l'édifice immense qui est sorti de ces quelques pierres. Il raconte comment les vingt premiers élèves, fils des anciens soldats du duc, sont devenus *douze mille*, répandus dans toutes les grandes industries de France.

Après un discours qui est des plus intéressants, on visite les ruines, puis l'on redescend vers la ville, où une vaste tente, dont l'installation n'a pas coûté moins de trois mille cinq cents francs, se dresse. C'est là que nous allons déjeuner. Nous sommes près de six cents à table. On fait à la presse l'honneur de l'installer auprès du comité. Nous avons à côté de nous M. Denis Poulot, maire du XIe arrondissement de Paris et auteur du *Sublime*. Comme presque tous les convives, il est sorti des *gadezarts*, corruption de « gas des arts », dont ses fils font également partie.

Inutile de dire qu'on a porté de nombreux toasts.

Après le café, nouveau pèlerinage. Nous nous rendons au tombeau du duc, vaste monument qui s'élève au fond du parc du château de Liancourt. Là, c'est un vieillard de quatre-vingt-cinq ans, M. Schreuder, ex-capitaine des pompiers de Paris, ex-professeur de gymnastique du duc d'Aumale, qui, devant la chapelle tombale, célèbre les mérites de La Rochefoucauld. Il est le seul survivant de l'École de Compiègne où Napoléon Ier transporta l'École de la Montagne.

Certes, il y aurait grand intérêt à rappeler ces souvenirs que le manque de place nous oblige à passer sous silence.

L'heure s'avance. On regagne la gare, où déjà nous attendent et le 5e cuirassiers, et les pompiers, et les fanfares, et une armée de spectateurs, acclamant les élèves et leur jetant des bouquets.

Liancourt a bien fait les choses.

Le comité aussi. En wagon, nous apprenons que cette fête lui a coûté la bagatelle de cinquante mille francs ! Il est vrai que, sur cette somme, il a donné deux mille francs à la ville de Liancourt. Au lieu de les distribuer entre ses pauvres, celle-ci a préféré faire des riches. Elle a fondé une bourse pour les Écoles des arts et métiers !

C. CHINCHOLLE.

A L'HÔTEL CONTINENTAL.

A sept heures, tous les invités se retrouvent dans la grande salle des fêtes de l'hôtel Continental transformée, pour la circonstance, en une immense salle à manger. Au milieu, faisant face à la table d'honneur, le buste du duc de La Rochefoucauld-Liancourt. Sur toutes les tables, des corbeilles de fleurs, et à côté de chaque convive le menu.

Par suite de divers retards nécessités par le placement des invités, on ne se met à table qu'à huit heures et demie. M. le ministre de l'agriculture et du commerce s'étant fait excuser ainsi que M. Girerd, sous-secrétaire d'État, le banquet est présidé par M. Martin.

Pendant toute la durée du repas, la musique de la garde républicaine, installée dans la cour couverte, exécute, sous la direction de son chef, M. Sellenick, divers morceaux de son répertoire.

Une merveille de décoration, cette cour couverte, métamorphosée par les soins de M. Delavier, fleuriste de l'hôtel, en un délicieux jardin d'hiver, éclairé comme en plein jour, par la lumière électrique.

Un peu avant dix heures, le banquet touchant à sa fin, les toasts commencent.

Neuf toasts sont successivement portés :

Le premier, par M. Martin, président du Centenaire, à M. le Président de la République, et à M. le ministre de l'agriculture et du commerce.

Le second, par M. Mignon, vice-président du Centenaire, à la mémoire du duc de La Rochefoucauld-Liancourt.

Le troisième, par M. Léon, à MM. les invités.

Le quatrième, par M. Cahen, à la presse.

Le cinquième, par M. Blondel, à la Société des anciens élèves des Écoles nationales des arts et métiers, au Comité, aux camarades d'Alsace-Lorraine.

Le sixième, par M. Albaret, à M. Maindron, auteur de la statue du duc de La Rochefoucauld-Liancourt.

Le septième, par M. Trotabas, aux camarades absents.

Le huitième, par M. Bazaille, aux camarades non-sociétaires.

Et le neuvième, par M. Guettier, aux Écoles d'arts et métiers.

Les toasts terminés, tous les convives se lèvent de table et vont prendre le café dans le salon du premier étage, en même temps que commence la réception.

Après le départ du dernier invité on ferme toutes les portes de la salle qui vient de servir au banquet, et alors commence un déménagement qui serait à lui seul un tableau de féerie des plus réussis. Tout le personnel de l'hôtel est sur pied. Il s'agit de transformer en une demi-heure la salle à manger en salle de concert. Tables, sièges, vaisselle, candélabres, tout disparait comme par enchantement et se trouve remplacé ici par une estrade réservée aux artistes, là par de nouveaux sièges rangés symétriquement pour les spectateurs.

A onze heures, le changement à vue est terminé. On rouvre les portes et le concert commence.

A l'heure où nous nous retirons, minuit et demi, le concert continue, et l'enthousiasme des auditeurs ne se ralentit pas. Pendant une heure au moins, on applaudira encore.

J. V.

Le Gaulois du lundi 9 août 1880.

LE CENTENAIRE DES ÉCOLES D'ARTS ET MÉTIERS.

Très pittoresque, hier matin, à huit heures, l'aspect de la gare du Nord. Dans les salles d'attente se presse une foule joyeuse : ce sont les anciens élèves des Écoles d'arts et métiers d'Aix, de Châlons et d'Angers, qui se retrouvent après plusieurs années de séparation, et ce ne sont qu'exclamations joyeuses, accolades fraternelles, chassé-croisé pittoresque de questions qui n'en finissent pas.

Huit heures quarante-cinq : branle-bas général, la locomotive lance bruyamment ses notes stridentes, et on s'installe dans les compartiments du train spécial, où l'on reprend avec une verve intarissable les causeries interrompues par le départ. En route pour Liancourt (Oise), où doit être célébrée une de ces admirables fêtes de famille dont le souvenir est indélébile!

A dix heures, on descend de wagon. La gare de Liancourt est pavoisée; les habitants se sont rendus au-devant des visiteurs, et la municipalité a chargé M. Pérot, membre du conseil, de présenter aux voyageurs les souhaits de bienvenue. Son allocution est chaleureusement applaudie.

Puis le cortège se forme, accompagné par un détachement du 5e cuirassiers. On se dirige vers la place La Rochefoucauld, où se trouve la satue du duc de La Rochefoucauld-Liancourt, le fondateur des Écoles nationales d'arts et métiers; on sait que cette statue est due au ciseau du célèbre sculpteur Maindron, l'auteur de *Geneviève*, de *Velleda*, du *Groupe d'Attila*, etc.

M. Martin, ingénieur en chef du chemin de fer de Vincennes, président du Centenaire, prononce un discours, fréquemment interrompu par les vivats et les acclamations des auditeurs; il retrace l'historique des Écoles d'arts et métiers, fait en termes de la plus haute éloquence le panégyrique du duc de La Rochefoucauld-Liancourt, expose avec une netteté merveilleuse les magnifiques résultats qu'enfante l'alliance des exercices manuels et des études spéculatives, et termine en adjurant la génération actuelle de s'attacher avec un soin jaloux au culte des sentiments patriotiques et humanitaires.

Après cette cérémonie, une assemblée se dirige vers la ferme dite *de la Faïencerie*, qui fut le berceau des Écoles. Sur le devant de la porte, on a inscrit, d'un côté, « 1780. — Ici fut le berceau des Écoles d'arts et métiers, fondées par M. le duc de La Rochefoucauld-Liancourt »; de l'autre côté : « 1880. — Les anciens élèves des Écoles des arts et métiers, reconnaissants, célèbrent aujourd'hui le centenaire de la fondation. »

M. Trotabas, lieutenant de vaisseau, adresse une allocution, dans laquelle on sent vibrer l'âme d'un homme qui a pris pour devise : *Perseverando* et qui a consacré sa vie entière au dur labeur et au dévouement infatigable.

A midi et demi, un déjeuner digne de Lucullus réunit cinq cent cinquante convives sous une tente magnifiquement décorée.

Les représentants de la presse sont invités à s'asseoir à la table d'honneur; et ici, nous sommes heureux de déclarer que jamais les journalistes n'ont été entourés de plus de soins et de plus de prévenances. Aménité parfaite, courtoisie exquise, de la part des commissaires, qui se sont ingéniés à nous donner d'innombrables témoignages de la plus délicieuse urbanité.

Pendant le repas, quatre toasts ont été portés. Nous ne pouvons résister au plaisir de reproduire les cordiales paroles de M. Martin.

Messieurs,

Nous avons à remercier la municipalité et les habitants de la ville de Liancourt, qui ont mis un si grand empressement à se réunir à nous pour célébrer le centenaire de la fondation des Écoles nationales des arts et métiers.

Nous constatons avec un véritable bonheur que, si le souvenir du duc de La Rochefoucauld-Liancourt est profondément gravé dans le cœur des anciens élèves de ces Écoles, la mémoire de cet homme juste, bienveillant, aux idées généreuses, s'est conservée intacte dans la ville de Liancourt, qui a été témoin des efforts faits par lui en vue de l'amélioration du sort des classes laborieuses, et qui doit à ses tentatives industrielles, à ses créations, une partie de sa prospérité.

Messieurs, — à la municipalité de la ville de Liancourt, à ses habitants!

M. Babeuille, conseiller municipal de Liancourt, a fait une très spirituelle réponse. Puis M. Arbel, sénateur, maître de forges, a proclamé la solidarité des anciens élèves des Écoles d'arts et métiers; enfin M. le duc de La Rochefoucauld-Liancourt, petit-fils de l'illustre fondateur, a remercié M. Martin en termes qui ont vivement impressionné les assistants.

Pendant ce temps, les fanfares de Liancourt, de la maison Albaret, de Clermont, de Nogent-les-Vierges, le choral de Liancourt et la fanfare de Mouy exécutaient les plus brillants morceaux de leur répertoire.

A l'issue du déjeuner, visite au tombeau du duc de La Rochefoucauld, situé dans le parc; là, nous avons applaudi une allocution de M. Schreuder, ex-capitaine des sapeurs-pompiers de Paris, âgé aujourd'hui de quatre-vingt-cinq ans, sorti de l'École en 1814, ancien professeur de gymnastique de M. le duc d'Aumale.

A quatre heures, on s'embarque pour Paris, et on se donne rendez-vous au banquet qui doit avoir lieu le soir au Continental.

A huit heures, six cents invités prennent place autour des tables dressées dans trois salons de l'hôtel; des flots de lumière électrique, des couronnes de fleurs, des entassements de plantes et de verdure; c'est un coup d'œil féerique.

Le menu est digne du cadre : des mets à flatter les palais les plus blasés et les estomacs les plus délicats.

L'excellente musique de la garde républicaine a prêté son concours à la fête, et elle a puissamment contribué au succès de la soirée.

Pendant le dîner, des toasts ont été portés par MM. Martin, président du Centenaire; Mignon, vice-président; Léon, Tresca, Blondel, Albaret.

M. Cahen a bu à la santé des représentants de la presse, en termes trop flatteurs pour être reproduits ici: au nom des journalistes présents, M. de la Berge, correspondant du *Journal d'Angers*, a répondu avec beaucoup d'à-propos.

A dix heures et demie, on se dirige vers les salons du premier étage; pendant ce temps s'organise le concert, et bientôt nous pouvons applaudir Mmes Hamann, Baretta, Judic; MM. Melchissédec, Duchenne et les deux Coquelin. Ces artistes ont été parfaits, histoire de ne rien changer à leurs habitudes.

Et maintenant, répétons avec M. Barbier, l'aimable commissaire général : « Rendez-vous au prochain centenaire! »

TOUT-PARIS.

Le Globe du lundi 9 août 1880.

UN CENTENAIRE.

Il y a aujourd'hui cent ans, — ceci n'est pas un conte de fées, — un noble, de la vieille roche, ma foi, préférant faire un bon et utile emploi de sa vie plutôt que de la laisser couler inactive dans les salons dorés de Versailles ou les bergeries enrubannées de Trianon, fondait dans sa ferme de la Montagne, près de Liancourt, une petite école pour les enfants de son régiment de dragons. Noblesse obligeait : un duc, tout philanthrope qu'il pouvait être, se devait d'une façon ou d'une autre à ce métier des armes réputé noble comme lui. A peine majeur, le roi lui octroyait un brevet de colonel. Il lui fallait commander un régiment, aimât-il ou non les péripéties hasardeuses de la guerre ou les paresses ruineuses de la vie de garnison. Voilà pourquoi cet homme d'esprit tout moderne, qui ambitionnait de se faire décerner le titre d'*ami du peuple*, débuta dans une carrière dont l'eût éloigné sa passion philanthropique.

Cet étrange colonel joignait aux parchemins de La Rochefoucauld son blason de duc de Liancourt. Les contemporains le virent, âgé de vingt et un ans au plus, aller demander à l'Angleterre le secret de la culture de ses champs, de ses pâturages plantureux, de son activité manufacturière et de l'organisation merveilleuse de ses colonies pénitentiaires. La Cour fit des gorges chaudes à la vue de ce noble imbu d'idées roturières. La Cour eut tort. Ce duc comprenait son époque. Il le montra bien quand, la nuit de la prise de la Bastille, il réveilla le roi en lui criant : « Sire, ce n'est pas une émeute, cela, c'est une Révolution ! »

Dès 1780, à trente-trois ans, il pensa donc à assurer le sort des enfants de son régiment, qu'il ne pouvait, d'après les règlements, faire admettre comme enfants de troupe. Cette école enfantine prit du renom. Quelques amis du duc, colonels eux-mêmes, y envoyèrent les fils de leurs soldats. Deux sous-officiers, les plus instruits du régiment Liancourt, reçurent mission d'apprendre à lire, écrire et calculer, à tous ces petits hommes. Quelques-uns d'entre eux montraient-ils des aptitudes spéciales? Vite on leur mettait en main les menus outils nécessaires aux métiers utiles dans les régiments, tels que celui de tailleur ou de cordonnier. Et les petits de pousser l'aiguille et de battre l'empeigne avec une ardeur sans pareille.

Cette modeste institution s'accrut tant et si bien qu'à la veille du grand branle-bas révolutionnaire, en 1791, elle ne comptait pas moins de quatre-vingts élèves. Après les journées du 10 août, le duc, destitué de son commandement militaire de Rouen, s'expatria. Sa qualité d'émigré lui attira la confiscation de ses biens. La petite colonie de la Montagne quitta la ferme pour le château. Le gouvernement la transforma en École militaire et lui adjoignit celles de Popincourt, de Saint-Martin et quelques autres encore. Les élèves de l'école de Mars, licenciés après le 18 thermidor, vinrent aussi à Liancourt et firent même adopter à cette institution une partie de leur uniforme.

Après le 18 brumaire, le bon duc, rentré en France « sous surveillance », fut exceptionnellement réintégré dans ses terres, protégées de la vente par la présence de l'École, qui, depuis peu seulement, venait d'être transférée à Compiègne où elle formait une des trois sections du Prytanée français.

Un jour, le premier consul s'avisa de visiter le collège de Compiègne et d'interroger les plus anciens élèves sur ce qu'ils comptaient faire à leur sortie. Ces grands garçons, élevés sous le régime militaire, ne voyaient guère d'autre métier que celui de solda.t Leurs réponses déplurent au futur César, en veine ce jour-là sans doute de réformes pacifiques. « L'État, s'écria-t-il, fait des frais considérables pour élever ces jeunes gens, et quand leurs études sont terminées, ils ne sont, à l'exception des militaires, d'aucune utilité au pays. Presque tous restent à la charge de leur famille qu'ils devraient aider. Il n'en sera plus ainsi. Je viens de visiter les grands établissements des villes du Nord et les grands établissements de Paris. J'ai trouvé partout des contre-maitres distingués dans leur art, d'une grande habileté d'exécution, mais presque aucun qui fût en état de faire un tracé, un calcul le plus simple de machine, de rendre ses idées par un croquis ou un mémoire. C'est une lacune dans l'industrie. Je veux la combler ici. »

A quelques jours de là on lisait au *Moniteur* : « A compter de germinal an XI, l'instruction de Compiègne aura pour but de former de bons ouvriers et chefs d'atelier. »

Ainsi le premier consul transformait, élargissait l'idée mise en pratique à la Montagne, vingt-trois ans auparavant, par le duc de La Rochefoucauld-Liancourt; il y fondait définitivement ces Écoles des arts et métiers qui se trouvent aujourd'hui à Châlons, à Angers, à Aix, et à l'aide desquelles se propagent et se multiplient toutes les connaissances relatives à l'exercice des arts industriels. Il remportait ce jour-là une belle et grande victoire. Les richesses de la patrie sont bien plus, en effet, dans le succès de.l'éclat de son industrie que dans le nombre des drapeaux pris à l'ennemi. C'est par l'industrie qu'elle s'agrandit, étend son domaine, s'affranchit du tribut des autres peuples et va même jusqu'à les rendre tributaires de son travail et de son génie; c'est là qu'elle trouve la source toujours renouvelée et intarissable de son bien-être, de sa prospérité incessamment accrue. Fonder des Écoles d'arts et métiers, n'est-ce pas exciter, développer la faculté pensante de l'artisan? N'est-ce pas lui rendre sa tâche moins ardue que de lui offrir dans la connaissance des notions scientifiques les plus essentielles de nouveaux instruments de progrès? N'est-ce pas le mettre en état de se guider plus sûrement dans son art, de perfectionner lui-même ses outils, ses machines, tous ses moyens d'action et de production, et d'ambitionner enfin la gloire des Jacquart et des Grangé, qui vaut bien celle des Condé et des Turenne?

Au moment où des réformes nombreuses et intelligentes s'introduisent dans l'enseignement, ne pourrait-on point augmenter le nombre de ces Écoles, non seulement désirées, mais encore très recherchées par les ouvriers intelligents? Avec ces examens triennaux dont nous entretenait dernièrement le ministre à la distribution des prix du concours général, nous sommes appelés à voir grossir le nombre des jeunes gens qui dirigent vers l'industrie pratique leurs espérances d'avenir. Par contre, nous verrons diminuer le nombre de ceux qu'un amour propre mal placé de leurs parents voue jusqu'à leur majorité à la culture ingrate du thème latin et de la version grecque, tandis que, par leurs aptitudes natives, ils auraient pu former de bons agriculteurs, de bons commerçants habiles, des manufacturiers émérites.

Qu'on crée pour eux de nouvelles Écoles d'arts et métiers; ils y deviendront des hommes utiles au pays au lieu de rester, par une éducation mal dirigée, des fruits secs de la science ou des lettres, des mendiants de places et de faveurs, en un mot des malheureux. Ils n'iront point grossir la phalange de ces déclassés, impropres à tout si ce n'est à gaspiller le petit avoir que leurs parents avaient chèrement et laborieusement acquis par le travail et l'épargne.

Les élèves de nos Écoles des arts et métiers, pour peu qu'ils soient persévérants et actifs, — et ils le sont, — trouvent toujours à s'employer à l'expiration du terme de leurs études. Si leur position de fortune les oblige, au début, à manier bravement l'outil dans l'atelier, ils ne tardent point à devenir chefs d'équipe, contre-maitres, associés et souvent même patrons par le triple effort de l'intelligence, du savoir et de la bonne conduite. Consultez les tablettes de la grande Chancellerie; vous y trouverez bon nombre d'anciens éléves de Châlons, d'Angers ou d'Aix décorés au seul titre industriel.

Ces anciens élèves, comprenant la haute portée philanthropique de ces Écoles auxquelles ils demeurent presque tous redevables des positions sociales qu'ils occupent, fêtent le Centenaire de leur fondation. Les couronnes sont tombées, nombreuses et pressées, au pied de la statue de bronze du duc de la Rochefoucauld-Liancourt, statue coulée d'un seul jet par les élèves mêmes de l'École d'Angers. Un si juste et si éclatant hommage venge la mémoire de ce véritable ami du peuple; il efface les amertumes dont la Restauration abreuva sa vieillesse; il répare le sacrilège des funérailles où le cercueil du bon duc fut renversé dans la boue et brisé sous une charge de la gendarmerie royale.

Puisse enfin cette manifestation, due à l'initiative de patriotes intelligents et d'hommes de cœur, encourager les fondateurs de grandes œuvres en leur faisant apparaître, au delà des déboires du présent, la reconnaissance de la postérité!

FRÉDÉRIC DILLAYE.

FÊTE DU CENTENAIRE DES ÉCOLES
DES ARTS ET MÉTIERS.

LIANCOURT.

Non, je ne regrette pas de m'être levé à sept heures pour arriver à huit heures et demie à la gare du Nord.

Dès leur apparition, les membres de la presse sont saisis par un commissaire de l'association, pilotés, installés et soignés avec une prévenance et une urbanité cordiales.

Deux fêtes concourent à la joie de la célébration du Centenaire institué en l'honneur de la fondation de l'École des arts et métiers :

Une fête champêtre;

Une fête parisienne.

La fête champêtre est à Liancourt, berceau des Écoles.

La fête parisienne est à l'hôtel *Continental*.

Pêle-mêle, en camarades, déjà anciens, on se case dans les wagons du train spécial.

Des nuages, mais pas de pluie en traversant toute cette délicieuse vallée de l'Oise où la nature est capricieuse et tendre. Mais au moment où l'on descend de wagon à Liancourt, au moment où les autorités sortent de la gare, où la fanfare attaque l'ouverture de bienvenue, où le piquet de cuirassiers porte les armes, où les acclamations s'échappent de la foule accourue, survient une ondée qui secoue la poussière des paletots, raye les casques de cuivre poli, crible les cuirasses d'acier, et fait épanouir une floraison de parapluies assurément utiles, mais bien nuisibles à l'aspect de la cérémonie.

Néanmoins on se met en route. Le piquet de cuirassiers précède le cortège, la fanfare de Mouy et le choral de Liancourt ouvrent par leurs harmonies la marche des autorités.

Nous suivons entre deux rangées de foule empressée et affairée, au débordement de laquelle s'opposent les pompiers sévères, implacables, une route toute bordée de mâts et d'oriflammes. Les arcs de triomphe succèdent aux arcs de triomphe; c'est : *Honneur aux Arts et Métiers; Honneur à l'Industrie, au berceau des Écoles;* et nous passons sous tous ces arcs de triomphe, précédés de musique, escortés par de braves et bons pompiers.

La pluie a cessé; de mâts en mâts, d'arcs de triomphe en arcs de triomphe, nous arrivons à la place de la Mairie, où se dresse la statue du duc de La Rochefoucauld-Liancourt.

On se range, on se tasse; M. Martin, président du Centenaire, ingénieur du chemin de fer de l'Est, directeur de la ligne de Vincennes, monte sur une petite estrade et prononce un long discours, glorifiant la race des La Rochefoucauld-Liancourt (Liancourt est nécessaire), dévouée aux idées de progrès et d'humanité.

Le descendant des ducs du nom, M. Franck de La Rochefoucauld, écoute, salue et remercie l'honorable et sympathique orateur.

On se remet en marche, toujours entre deux haies de mâts et de drapeaux.

On monte, on serpente, on s'essouffle; les fanfares persistent et encouragent nos forces ascensionnelles déjà rompues; mais notre courage est récompensé.

Car, à mesure que nous suivons la pente ardue et sinueuse, traversant le village, laissant derrière nous les maisonnettes joyeuses aux fenêtres peuplées de visages aimables, à mesure que nous montons vers le plateau, vers la *Faïencerie,* la perspective s'étend, l'horizon se dévoile, la nature apparaît dans sa vigueur et sa sérénité.

Encore un effort et nous touchons au plateau d'où nous découvrons les collines lointaines fondues dans un gris bleuâtre, les bois aux verdures changeantes, émus par le vent capricieux. les routes jaunes serpentant au milieu des fourrés sombres, les champs de blés qu'un rayon colore, mûrit et dore.

On touche à la Faïencerie, à l'École dont le seuil est décoré d'une plaque nouvelle rappelant et la date de la fondation de l'École et celle du Centenaire.

Mais une averse, une averse cinglante s'abat sur les chapeaux et sur les discours; on se disperse dans les taillis voisins, dans la ferme étroite dont les habitants étonnés livrent l'hospitalité; on fait un toit des parapluies inutiles, car le vent tourmente les abris que l'eau fouette; et c'est à peine si, entre deux sourires du ciel, nous pouvons entendre de loin M. Trotabas prononcer un discours dont la bourrasque emporte les phrases du côté opposé à nos oreilles.

Auditeur mouillé craint l'averse : nous nous hâtons de descendre par un raidillon caillouteux qui nous met dans la grande rue du village où s'allument des bombardes, et la grande rue nous met à la tente sous laquelle Potel et Chabot ont dressé le déjeuner froid.

C'est une redite de noter l'obligeance attentionnée des commissaires pour les membres de la presse.

Quand tout le monde est casé, on déjeune avec un appétit justifié par la course précédente; on déjeune en musique, grâce à la fanfare de Liancourt et au choral de Mouy dont les airs sont applaudis et bissés.

M. Martin préside, ayant à sa droite M. Franck de La Rochefoucauld; à sa gauche, M. Arbel, sénateur; en face, MM. Trotabas, Henri Blondel, architecte; Barbier, commissaire général.

Le premier toast, très court, est porté par M. Martin aux habitants et à la municipalité de Liancourt, qui a fait des efforts si réussis pour bien recevoir ses hôtes.

Le premier adjoint, M. Babeuille, répond à la politesse du président par un autre toast; M. Arbel, sénateur, prend la parole; voici la reproduction de son toast :

Mes chers amis,

Si je prends la parole, ce n'est pas pour prononcer un discours: vous venez d'en entendre et des meilleurs, — et j'avoue très humblement que je n'ai forgé que du fer!

Toutefois, vous permettrez bien au président de notre Société de remplir un devoir, celui de remercier publiquement le président de la Commission du centenaire, et tous les membres qui la composent, de l'admirable organisation (et vous n'êtes ici qu'à la préface) de cette belle fête, qui restera l'importante manifestation de nos sentiments de profonde reconnaissance pour le grand philanthrope à qui nous devons d'être ainsi réunis!

Je veux également adresser mes félicitations et mes regrets à nos camarades qui, retenus dans leurs provinces par leurs occupations professionnelles, n'en ont pas moins envoyé leurs offrandes : ils savent tous que dans une pareille manifestation, tous les élèves sont solidaires!

Oui, messieurs, il faut que dans le monde officiel, dans le monde industriel, on sache bien que les Écoles des arts et métiers produisent, non seulement des travailleurs intelligents, mais aussi des hommes de cœur, pour qui le sentiment de la reconnaissance ne saurait être un fardeau!

Et en terminant, messieurs, je ne saurais oublier que nous sommes des enfants de notre belle France, et que c'est dans ses Écoles que nous avons puisé les éléments qui ont fait de nous des hommes utiles. Je ne saurais donc finir qu'en adressant au Président de la République l'expression de nos respectueux hommages, et en portant la santé de M. Grévy!

Et, alors! qui arrêtera les bouchons de champagne, et les fanfares, et les bombardes, et les vivats, et les applaudissements, et les reconnaissances d'anciens camarades expansifs au dessert, et la bonne confusion amicale et simple où l'on se retrouve, où l'on se reconnaît, où l'on s'aime, où dix ans de séparation équivalent à deux minutes, du moment que l'on a trinqué et que l'on s'est serré la main.

On se disperse; on fume; les uns se rendent au tombeau de La Rochefoucauld, les autres à la chapelle, d'autres, — c'est nous, hélas! — au travail, car la copie nous presse, et à notre joie sincère se mêle la préoccupation de l'heure.

Un café nous accueille; on part à quatre heures; on se case en wagons, dix, douze, plus peut-être; on quitte Liancourt au son de la *Marseillaise*, agitant les chapeaux, saluant les camarades qui restent pour le bal et le feu d'artifice; on arrive une heure en retard à Paris! juste le temps d'aller passer un habit et de jeter sur ce papier ces lignes hâtives qui nous causeront demain plus d'un remords!

PARIS.

Au milieu des fleurs, des fruits, des cristaux allumés par la flamme des bougies, le couvert est dressé dans la salle des fêtes de l'hôtel Continental, le couvert de la table d'honneur, car, afin de placer les cinq cent cinquante membres qui ont tenu à souscrire et à assister au banquet, il a fallu garnir des tables dans plusieurs autres salons.

Les convives sont placés par promotion. Le doyen de l'association est un vieil homme très gaillard, M. Schreuder, âgé de quatre-vingt-six ans, et qui est sorti de l'École des arts et métiers de Châlons, pour aller faire le coup de feu en 1814. A huit heures, la musique sans rivale de la garde républicaine commence le concert par les *Drapeaux*, brillante fantaisie de M. Sellenick.

Le placement est un peu laborieux; à côté de M. Martin, président du Centenaire, s'assoient : à gauche M. Tresca, sous-directeur du Conservatoire des arts et métiers; M. Brull, vice-président de la Société des ingénieurs civils; M. Loustau, trésorier. A la droite du président, M. Gottschalk, président de la Société des ingénieurs civils; M. Regnard, secrétaire; en face M. Blondel, architecte de l'hôtel Continental et membre de l'association. Nul représentant du ministre de l'agriculture et du commerce : M. Tirard est dans son arrondissement, M. Girerd est à Cherbourg.

La souscription a produit plus de 50,000 francs. Plusieurs sociétaires ont souscrit pour plus de 1,000 francs.

L'association, ayant des fonds à sa disposition, en a usé avec une générosité et, — il faut le dire, — une bonne grâce qui laissera un souvenir durable dans la mémoire de ceux qui ont eu la bonne chance d'avoir affaire avec elle, et dans la mémoire de ses invités.

Conducteurs du train, chauffeurs, employés du restaurant Potel et Chabot, à Liancourt, de l'hôtel Continental, à Paris, tous ont eu leur part de la fête de la Société.

Le dîner est long, mais soigné. Les toasts commencent, — ceci est notre excuse, — vers onze heures.

En voici l'énumération; qu'on ne nous demande pas une analyse.

TOASTS PRONONCÉS PENDANT LE BANQUET

M. Martin, Président du Centenaire, à M. le Président de la République, à M. le Ministre de l'agriculture et du commerce;

M. Mignon, vice-président du Centenaire. à la mémoire du duc de La Rochefoucauld-Liancourt;

M. Léon, à MM. les invités;

M. Cahen, à la presse.

TOAST A LA PRESSE

Permettez-moi à mon tour, messieurs, d'éveiller toute votre sympathique reconnaissance envers notre belle et grande presse française.

Est-il besoin de rappeler à votre souvenir les services constants que ne cesse de rendre la presse à tout ce qui touche, de près ou de loin, à notre industrie nationale?

Est-il besoin de vous redire que chaque fois que nous avons fait appel à la presse, soit pour défendre une idée loyale et juste, soit pour réprimer un abus, soit pour sauvegarder l'honneur et le drapeau de nos Écoles, nous avons toujours trouvé l'accueil le plus bienveillant et le plus désintéressé?

Non, messieurs, vous n'avez rien oublié, et la presse française peut être sûre que vous n'oublierez jamais qu'elle est et a toujours été le soutien empressé de tout ce qui est digne, noble et grand.

Je vous propose donc de boire à la santé de la presse française. (Nombreux applaudissements. — Tous les convives se lèvent et se tournent vers la table de la presse.)

M. de la Berge, du *Siècle*, répond quelques mots de remerciements: puis, après lui, M. Henri Blondel se lève et porte le toast suivant aux anciens élèves de l'École et aux absents, non oubliés, d'Alsace-Lorraine :

DISCOURS DE M. BLONDEL.

Mes chers camarades,

Permettez-moi de vous adresser quelques mots en venant vous proposer de porter un toast à la Société des anciens élèves des Écoles nationales d'arts et métiers, à son comité, à notre bonne confraternité et enfin à nos chers et braves camarades d'Alsace-Lorraine.

Un vaillant petit journal qui a toujours soutenu nos Écoles en ami sincère et convaincu admirait, il y a quelques jours, la solidarité qui unit tous les anciens élèves des Écoles nationales d'arts et métiers : « Cette solidarité, disait-il, fait grand honneur aux Écoles et témoigne hautement de la force des liens qui unissent les générations industrielles qui en sont sorties. »

C'est qu'en effet, messieurs et chers camarades, le caractère de nos Écoles, ce qui a fait et fera toujours la force de notre grande famille, c'est précisément ce sentiment inné de bonne confraternité, de solidarité intime qui nous unit.

Entretenons ce sentiment parmi les jeunes camarades qui sortent annuellement de nos Écoles, appelons-les à nous dès leur sortie, guidons-les toujours dans leurs débuts, ne cessons jamais de les soutenir et de les aider de notre expérience avec toute la vigilance qui doit nous animer ; c'est en exprimant ces vœux, au nom de vous tous, chers camarades, que je vous propose de boire à la confraternité de tous les anciens élèves, ainsi qu'à la prospérité de notre grande et généreuse Société sans laquelle nous n'aurions pas le bonheur de nous trouver réunis en ce grand jour.

Et maintenant, messieurs et chers camarades, ne terminons pas ce toast sans y inscrire tout particulièrement nos bons camarades alsaciens-lorrains. Qu'ils sachent bien que nous les associons à toutes nos fêtes comme à toutes nos espérances, que nous ne saurions nous séparer sans avoir reporté pieusement nos souvenirs vers eux, sans avoir cimenté une fois de plus les liens de fraternité qui nous unissent et que rien ne pourra jamais détruire.

Messieurs,

A la Société des anciens élèves,
Au comité qui la dirige,
A notre bonne et constante confraternité,
A nos chers camarades d'Alsace-Lorraine.

Après M. Blondel, M. Albaret porte un toast à M. Maindron, auteur de la statue du duc de La Rochefoucauld-Liancourt ; M. Trotabas, aux camarades absents ; M. Bazaille, aux camarades non sociétaires ; M. Guettier, aux Écoles d'arts et métiers.

A onze heures, le concert commence ; nous sommes obligés d'abréger et de noter seulement l'arrivée de Mmes Judic, Baretta et Hamann, et de MM. Coquelin frères.

Mme Judic a promis de « mettre du poivre » Diable ! dans le champagne.

Encore une fois, nos félicitations et nos remerciements aux organisateurs et aux commissaires.

ALBERT PINARD.

L'Estafette du mardi 10 août 1880.

LE CENTENAIRE DE LA FONDATION

DES ÉCOLES D'ARTS ET MÉTIERS.

Les anciens élèves des Écoles nationales d'arts et métiers ont célébré hier le Centenaire de la fondation de la première de ces Écoles, qui fut installée à Liancourt, dans le département de l'Oise, par le duc de La Rochefoucauld en 1780.

Un train spécial, parti de Paris à huit heures du matin, a amené les anciens élèves des Écoles et leurs invités à Liancourt, où ils ont été reçus par M. Pérot, membre du conseil municipal de cette ville, entouré de ses collègues et des Sociétés orphéoniques des environs.

Précédés d'un peloton de cuirassiers en grande tenue, les membres de la Société nationale des Écoles d'arts et métiers ont traversé la ville de Liancourt, qui était pavoisée et dans laquelle plusieurs arcs de triomphe avaient été établis, et se sont arrêtés devant la statue élevée en 1861 au duc de La Rochefoucauld.

M. Martin, président de la fête, a rendu hommage au fondateur de la première École d'arts et métiers. Puis le cortège s'est remis en marche et a été visiter la ferme de la Faïencerie, où cette école avait été instituée.

Un ancien officier de marine, M. Trotabas, a fait l'historique des Écoles d'arts et métiers, et a indiqué les services qu'elles rendaient à l'industrie et au pays, en formant d'habiles contre-maîtres et des citoyens qui défendront les institutions républicaines.

De retour dans la ville de Liancourt, les membres de la Société ont pris place sous une immense tente où était servi un déjeuner de cinq cent vingt-sept couverts.

On remarquait à la table d'honneur M. Arbel, sénateur, président de la Société et qui a porté un toast, très applaudi, à M. le Président de la République; MM. Martin et Albaret, Dietz, Albert Cahen, Blondel, Bajac, Lebrun, membres du comité de la Société.

Les membres de la Société sont rentrés à Paris par un train spécial, qui a quitté Liancourt à quatre heures un quart, et se sont trouvés de nouveau réunis à huit heures à l'hôtel Continental où a eu lieu le banquet du Centenaire.

Au dessert, M. Martin a porté un toast à M. le Président de la République; M. Mignon, à la mémoire de M. le duc de La Rochefoucauld;

M. Albert Cahen à la presse, et M. Trotabas aux membres de la Société qui n'avaient pu assister à la fête du Centenaire.

Le banquet a été suivi d'une soirée musicale et artistique, donnée avec le concours de Mmes Marie Hamann, Baretta et Judic; MM. Coquelin aîné et cadet, Duchenne et Melchissédec.

La France du mardi 10 août 1880.

LE CENTENAIRE DE L'ÉCOLE

DES ARTS ET MÉTIERS.

Hier, avait lieu à Liancourt la fête du Centenaire des Écoles des arts et métiers. A huit heures du matin, près de six cents des anciens élèves des Écoles de Châlons, Aix et Angers se réunissaient à la gare du Nord. Un train spécial était disposé pour les recevoir et les emmener au berceau de l'École mère.

La population entière de Liancourt s'était réunie aux abords de la gare et entourait le maire, les adjoints, les conseillers municipaux et nombre de notabilités industrielles du pays.

Trois musiques jouaient ensemble la *Marseillaise*, à l'arrivée du train. Puis le cortège, ayant à sa tête les autorités municipales, M. Martin, président honoraire; M. Arbel, sénateur; M. de La Rochefoucaud-Liancourt; M. Mignon, ancien président de la Société des anciens élèves, se mit en marche vers la ferme. Un escadron de cuirassiers formait la haie.

Toutes les fenêtres, toutes les portes des maisons, étaient ornées d'écussons et de faisceaux de drapeaux.

Sur la place principale de la ville, on s'arrêta au pied de la statue de La Rochefoucauld-Liancourt, et là, M. Martin, ingénieur en chef de la Compagnie de l'Est, prononça l'éloge de cet ami de Carnot, dont toute la vie fut dévouée au développement de l'instruction populaire. Puis on se rendit à la ferme, modeste berceau de nos trois Écoles. Une nouvelle allocution fut prononcée.

Le soir, il y a eu illumination et retraite aux flambeaux à Liancourt.

A Paris, un banquet a réuni à l'hôtel Continental sept cent trente sociétaires. Le banquet a été suivi d'une réception, pendant laquelle un brillant concert à été donné.

La Liberté du mardi 10 août 1880.

LE CENTENAIRE DES ÉCOLES

DES ARTS ET MÉTIERS.

Plus de six cents personnes avaient répondu, hier matin, à la gracieuse invitation qui leur avait été adressée par le comité des fêtes du Centenaire des Écoles des arts et métiers. Le rendez-vous était pour huit heures et demie à la gare du Nord. Tout le monde a été exact, malgré un ciel chargé de nuages qui ne présageaient rien de bon.

A huit heures quarante-cinq minutes on monte en wagon; ces messieurs ont fait grandement les choses : Ils ont mis un train spécial à la disposition de leurs hôtes; les membres de la presse surtout ont été l'objet de toute la sollicitude des commissaires; des compartiments de première leur avaient été réservés, et pendant toute la journée les anciens élèves se sont fait un véritable plaisir de leur donner tous les renseignements désirables sur ces Écoles trop peu connues et cependant si utiles.

Rarement il nous a été permis d'assister à une réunion aussi agréable : il y avait dans ces groupes, venus de tous les points de la France, de l'Algérie, de la Belgique même, un esprit de famille des plus touchants.

Mais passons bien vite à la fête : il nous faudrait plusieurs colonnes pour parler, comme nous le voudrions, des surprises qui nous ont été ménagées dans cette journée, commencée à huit heures du matin et qui ne s'est terminée que le lendemain au petit jour.

La descente du train à Liancourt a d'abord été saluée par une averse qui, loin d'attrister les invités, n'a fait qu'augmenter leur gaieté. Le cortège se met en route, escorté par deux détachements de cuirassiers, cinq corps de musique, bannière en tête, et toute la population de Liancourt. Les rues sont pavoisées et ornées de mâts avec oriflammes. Plus de dix arcs de triomphe de verdure ont été élevés par les habitants reconnaissants.

Arrivés devant la statue de M. de La Rochefoucauld, œuvre du sculpteur Maindron, élève de l'École, on fait une première halte. M. Martin, président du Centenaire, dans un discours souvent interrompu par les applaudissements, retrace à grands traits la vie de M. de La Rochefoucauld-Liancourt, fondateur de l'École de la *Montagne,* berceau des Écoles d'arts et métiers; il rend hommage à l'homme de bien et de dévouement qui, le premier, a su grouper quelques enfants pour leur faire étudier les sciences et leur apprendre tous les secrets des métiers qu'ils exerceraient plus tard, depuis la fabrication de l'outil jusqu'à la confection du modèle le plus perfectionné.

De Liancourt, on monte à la ferme, éloignée de deux kilomètres de la ville.

Pendant ce trajet, seconde averse qui nous surprend en rase campagne, au milieu d'un champ à moitié moissonné; tout le monde s'accroupit sous les parapluies et laisse passer l'orage qui heureusement ne dure pas longtemps.

Il ne reste plus grand'chose de ce qui fut la première École des arts et métiers : un verger, planté d'arbres fruitiers, a remplacé les ateliers; on se montre la place qu'occupait, il y a trois quarts de siècle, la première enclume apportée par les petits protégés de M. le duc, comme on appelle M. de La Rochefoucauld dans le pays.

La Ferme de la Montagne qui, après le départ de l'École, a été convertie d'abord en faïencerie, est aujourd'hui revenue à sa destination primitive : c'est une grande ferme dans laquelle on rentre les moissons; les poules et les canards occupent seuls la grande cour carrée, et il ne reste plus qu'une plaque commémorative pour rappeler aux rares touristes qui passent que de là sont sortis les maîtres qui fondèrent les Écoles, aujourd'hui si remarquables, d'Angers, d'Aix et de Châlons.

La descente à Liancourt s'effectue plus vite que la montée : c'est qu'il est midi, que l'air pur de la campagne a creusé les estomacs et que de gros nuages noirs se préparent à nous crever de nouveau sur la tête; en route on se raconte tout ce qu'ont fait les de La Rochefoucauld pour la Société.

Le fils du duc a grevé sa magnifique propriété d'une hypothèque de 40,000 francs en faveur de l'association des anciens élèves. « De cette façon, a-t-il dit, on sera sûr d'avoir toujours 2,000 francs de rente. »

Enfin, on se met à table. De mieux en mieux : le déjeuner sort de Potel et Chabot. Il est servi sous une magnifique tente, venue de Paris. Six musiques se succèdent pendant le repas.

Voici d'abord celle de Nogent-les-Vierges, celle de Rantigny, la fanfare de Mouy, sur la bannière de laquelle s'étalent quarante médailles d'or et d'argent, l'orphéon de Liancourt à qui est fait une véritable ovation.

Au dessert, M. Martin porte une santé à la municipalité, à la ville, à ses habitants. M. Babeuille boit à la prospérité des Écoles, M. Arbel, sénateur, président de la Société, porte un toast à la commission d'organisation et à M. Grévy.

Après ce premier banquet, on se répand dans la ville; les uns vont jusqu'au cimetière, où M. Schreuder, le doyen des anciens élèves, sorti de l'École de Compiègne, en 1814, prononce quelques paroles émues sur la tombe de M. le duc de La Rochefoucauld. Les autres vont visiter quelques manufactures de cette petite ville industrielle qui doit une grande partie de sa fortune à Latour, le grand fabricant de chaussures.

A quatre heures et demie, départ pour Paris.

Le soir, une nouvelle fête réunit les six cents convives du matin au Continental; nous ne dirons rien des merveilles qui nous sont réservées.

D'abord un splendide banquet, servi avec ce luxe et cette prodigalité que tout Paris connait aujourd'hui.

Menu princier.

Neuf toasts sont portés à la fin du repas. Nous les donnons dans l'ordre :

M. Martin, président du Centenaire, à M. le Président de la République, à M. le Ministre de l'agriculture et du commerce.

M. Mignon, vice-président du Centenaire, à la mémoire du duc de La Rochefoucauld-Liancourt.

M. Léon, à MM. les invités.

M. Cahen, à la presse.

M. Blondel, à la Société des anciens élèves des Écoles nationales des arts et métiers, au comité, aux camarades d'Alsace-Lorraine.

M. Albaret, à M. Maindron, auteur de la statue du duc de La Rochefoucauld-Liancourt.

M. Trotabas, aux camarades absents.

M. Bazaille, aux camarades non sociétaires.

M. Guettier, aux Écoles d'arts et métiers.

A onze heures commence le concert. Qu'il nous suffise d'en indiquer le programme (suit le programme).

Le National du mardi 10 août 1880.

LA ROCHEFOUCAULD-LIANCOURT

ET LES ÉCOLES D'ARTS ET MÉTIERS.

François-Alexandre-Frédéric, duc de La Rochefoucauld-Liancourt, est né le 11 février 1747, et mort le 27 mars 1827; ce n'est donc ni le

Centenaire de sa naissance, ni celui de sa mort qu'on célébrait hier à Liancourt et à Paris : c'est le Centenaire de la fondation de la première École d'arts et métiers, qui date de 1780, et que cet excellent homme créa pour assurer le sort des enfants de son régiment.

Napoléon Ier, en ceci comme en bien d'autres choses, est censé avoir inventé les Écoles d'arts et métiers; sans doute, il a transformé en institution de ce genre, par son décret de germinal an XI, le collège de Compiègne; mais ce collège, le « Prytanée français », comme on disait alors, avait absorbé l'École du duc philanthrope, et le premier consul ne fit qu'élargir et que sanctionner l'idée mise en pratique, vingt-trois ans auparavant, par La Rochefoucauld-Liancourt.

Cette idée a fait bien des progrès depuis. Nous avons aujourd'hui trois Écoles nationales d'arts et métiers, destinées à former des chefs d'atelier et des ouvriers instruits, habiles, pour les industries où l'on travaille le bois et le fer, et chacune de ces Écoles renferme trois cents élèves, et il en faudrait au moins trois autres pour répondre aux besoins nouveaux. Tous ceux qui ont visité à l'Exposition universelle les galeries du groupe II, classe 7, se rappellent les beaux travaux exposés par les nouveaux élèves d'Aix, d'Angers et de Châlons-sur-Marne, que dirigent aujourd'hui MM. Michelet, Jacquemet et Langonet. Tous ceux qui ont assisté à la double fête d'hier se sont réjouis de la vive intelligence, de la cordialité et du patriotisme qui règnent parmi leurs anciens.

Double fête, avons-nous dit. Et en effet, le matin à huit heures quarante-cinq minutes, un train spécial emportait de la gare du Nord six cents personnes environ et les amenait à Liancourt, où elles étaient reçues par la municipalité, et traversaient la foule énorme d'environ douze mille personnes venues tout exprès des environs pour la circonstance. Les arcs de triomphe succédaient sous leurs pas aux arcs de triomphe. Sur la place de la Mairie, le président du Centenaire, M. Martin, ingénieur du chemin de fer de l'Est, directeur de la ligne de Vincennes, prononçait un discours des plus remarquables au pied de la statue de La Rochefoucauld-Liancourt, œuvre de Maindron, qui est lui-même, paraît-il, un ancien élève d'Angers. Puis on visitait la *Faïencerie,* berceau des Écoles des arts et métiers, on banquetait sous une tente immense et l'on discourait, toastait et causait fraternellement jusqu'au départ fixé à quatre heures.

Voici l'un de ces discours. Il a été prononcé par M. Arbel, sénateur :

Mes chers amis,

Si je prends la parole, ce n'est pas pour prononcer un discours : vous venez d'en entendre et des meilleurs, — et j'avoue très humblement que je n'ai forgé que du fer !

Toutefois, vous permettrez bien au Président de votre Société de remplir un devoir, celui de remercier publiquement le président de la commission du Centenaire et tous les membres qui la composent, de l'admirable organisation (et vous n'êtes ici qu'à la préface) de cette belle fête, qui restera l'importante manifestation de nos sentiments de profonde reconnaissance pour le grand philanthrope à qui nous devons d'être ainsi réunis.

Je veux également adresser mes félicitations et mes regrets à nos camarades qui, retenus dans leurs provinces par leurs occupations professionnelles, n'en ont pas moins envoyé leurs offrandes; ils savent tous que dans une pareille manifestation, tous les élèves sont solidaires.

Oui, messieurs, il faut que dans le monde officiel, dans le monde industriel, on sache bien que les Écoles des arts et métiers produisent, non seulement des travailleurs intelligents, mais aussi des hommes de cœur, pour qui le sentiment de la reconnaissance ne saurait être un fardeau !

Et en terminant, messieurs, je ne saurais oublier que nous sommes des enfants de notre belle France, et que c'est dans ses écoles que nous avons puisé les éléments qui ont fait de nous des hommes utiles. Je ne saurais donc finir qu'en adressant au Président de la République l'expression de nos respectueux hommages, et en portant la santé de M. Grévy !

Le soir, banquet monstre à l'hôtel Continental : cinq cent quarante couverts ! Il a fallu tous les salons. Au milieu de ces salons, M. Sellenick, avec son admirable orchestre. A la table d'honneur, M. Martin, président, ayant à sa droite MM. Gottschalk, président des ingénieurs civils, et Regnard, secrétaire; à sa gauche, MM. Tresca, sous-directeur du Conservatoire des arts et métiers, et Brull, vice-président de la Société des ingénieurs civils. Pas un seul représentant du ministère de l'agriculture et du commerce, ce qui, il faut le dire en passant, nous a légèrement choqués tous. Près du bureau, les représentants de tous les grands journaux de Paris, qui n'ont cessé d'être l'objet des plus gracieuses prévenances des organisateurs de la double fête.

Des toasts ont été portés, au dessert, par M. Martin, au Président de la République et à M. Tirard; par M. Mignon, à la mémoire de La Rochefoucauld-Liancourt; par M. Léon, ingénieur en chef du matériel du chemin de fer de Lyon, aux invités; par M. Cahen, à la presse; par M. Blondel, architecte, ancien élève de Châlons, et qui a construit ce magnifique hôtel Continental, où il parlait hier, à la Société des anciens élèves des Écoles nationales d'arts et métiers, au comité, et aux camarades d'Alsace-Lorraine, qu'on a raison de ne jamais oublier, etc., etc.

Le banquet a fait place, vers minuit, à un de ces concerts que les souverains ou les grandes associations peuvent seuls se donner : MM. Coquelin frères, Duchenne, Melchissédec, Mmes Hamann, Judic, Baretta ! Et l'on riait, et l'on applaudissait, et l'on était heureux, et les artistes s'écriaient avec raison : « Quel bon public! et comme il comprend! »

Les anciens élèves des Écoles nationales d'arts et métiers avaient hier plus de cinquante mille francs à dépenser; aussi ont-ils fait les choses *républicainement*.

A. P.

Le Petit Journal du mardi 10 août 1880.

LE CENTENAIRE DES ÉCOLES

D'ARTS ET MÉTIERS.

La fête organisée hier par les anciens élèves des Écoles nationales d'arts et métiers a été de tous points charmante; d'un commun accord et sans accord préalable, la politique en avait été sévèrement bannie. Près de six cents anciens élèves ont été rendre un solennel hommage au promoteur des Écoles industrielles, le duc de La Rochefoucauld, et ont fait une pacifique manifestation, qui portera ses fruits en faveur de l'extension de ce système d'éducation.

Avant le départ du train, la gare du Nord présentait un aspect inaccoutumé; tous les arrivants, séparés depuis de nombreuses années, se reconnaissaient avec un plaisir qu'on peut deviner; aussi dès la première heure, la plus grande cordialité n'a cessé de régner entre tous ces anciens condisciples, qui tous doivent leurs situations d'ingénieurs, de chefs d'industrie, etc., à l'éducation qu'ils ont reçue dans les Écoles des arts et métiers.

Le train spécial s'arrête à Liancourt; la municipalité s'est largement associée à la solennité : la place de la gare est pavoisée, les fanfares attendent les invités qui sont reçus au milieu d'acclamations unanimes. La forte averse, qui menaçait de gâter la fête, n'a duré heureusement qu'un instant.

M. Pérot, membre du conseil municipal, souhaite la bienvenue aux arrivants; M. Arbel, sénateur, et M. Martin, ingénieur, prononcent quelques paroles de remerciements. Le cortège se met en marche, une colonne de cuirassiers en tête; le parcours est splendidement pavoisé; de distance en distance, d'immenses arcs de triomphe en feuillage, qu'auraient enviés les rues de Paris les mieux décorées au 14 juillet.

Au pied de la statue élevée en 1861, sur la place principale de Liancourt, le cortège s'arrête. M. Martin prononce un discours autant applaudi par les populations des communes environnantes que par les anciens élèves.

La renommée du duc de La Rochefoucauld est de celles qui se font sans bruit et qui, basées sur la reconnaissance des générations, sont seules durables.

Aussi son nom est-il resté et restera-t-il toujours en grande vénération parmi les habitants de Liancourt, et les communes environnantes.

Non seulement le duc créa la première École, qui donna naissance à celles des arts et métiers, mais il suivit ces écoles, devenues établissements de l'État, dans leurs développements, dans leurs perfectionnements, et il ne s'est jamais lassé d'animer, de seconder, d'encourager leurs élèves qu'il appelait ses enfants.

Ces derniers ne l'ont pas oublié; le nom de La Rochefoucauld est devenu inséparable du nom des Écoles des arts et métiers, et chaque année les nouveaux élèves de ces Écoles apprennent de leurs prédécesseurs à le vénérer.

Cet éloquent hommage répondait au sentiment général; les anciens élèves qui n'avaient pu assister à la fête avaient envoyé de chaleureuses lettres d'approbation.

Le cortège se rend ensuite à la ferme qui a été le berceau de l'œuvre; cent ans ont détruit les constructions de la première École dont il ne reste que quelques intéressants vestiges.

Il s'agit d'un véritable pèlerinage; ni la longueur du chemin, ni les averses ne découragent les assistants, qui ont du reste un dédommagement dans la beauté des points de vue qu'on découvre du haut de la montagne.

Sur la porte principale de la ferme sont, en regard, les deux inscriptions provisoires suivantes que le comité fera graver ultérieurement :

1780

ICI FUT LE BERCEAU DES ÉCOLES DES ARTS ET MÉTIERS
FONDÉES PAR LE DUC
DE LA ROCHEFOUCAULD-LIANCOURT.

1880

LES ANCIENS ÉLÈVES DES ARTS ET MÉTIERS,
RECONNAISSANTS, CÉLÈBRENT LE CENTENAIRE
DE CETTE FONDATION.

Devant la ferme, M. Trotabas, ancien officier de marine, fait l'historique du rôle joué par les Écoles et de la part qu'elles ont apportée à la prospérité publique. Il exprime le vœu de les voir étendre leur utile influence en rappelant que l'État n'a qu'à choisir parmi les grands centres qui offrent de consacrer des sommes importantes à la création d'Écoles d'arts et métiers.

Un banquet organisé sous une vaste tente a réuni les anciens élèves et les invités, parmi lesquels se trouvaient tous les membres de la municipalité.

M. Martin a porté un toast à ceux-ci en les remerciant de l'empressement qu'ils avaient mis à se joindre à cette grande manifestation.

Le premier adjoint, M. Babeuille, répond que la municipalité s'est fait un devoir et un honneur de participer à la fête, en laissant de côté toutes questions politiques, pour ne célébrer que la paix et le travail dans l'hommage rendu au fondateur de ces Écoles nées de celle de Liancourt.

M. Arbel, sénateur, en portant un toast à M. Grévy, exprime la certitude que le gouvernement tiendra à honneur d'aider de toutes ses forces au mouvement de transformation de l'éducation, au point de vue professionnel.

M. de La Rochefoucauld exprime sa profonde reconnaissance à tous ceux qui sont venus rendre hommage à la mémoire de son grand-père.

Les assistants vont ensuite visiter les charmants sites des environs; beaucoup se rendent dans le parc au tombeau du duc; M. Schreuder, le doyen des anciens élèves (il est sorti de l'École en 1814), y prononce quelques paroles émues.

N'oublions pas les Sociétés musicales qui ont prêté leur concours à la fête; en tête citons les fanfares de Liancourt et de la maison Albaret dirigées par M. Bertin; de Clermont, chef M. Cabois; de Mouy, chef M. Baron; de Nogent-les-Vierges, chef M. Foy, et le choral de Liancourt, chef M. Despré. Les pompiers de Liancourt ont fait le service d'honneur avec autant de zèle que d'intelligence.

Pendant toute la soirée, il y a eu bal et concert sur la place; les anciens élèves sont revenus par un train spécial, à cinq heures, pour se rendre au banquet et à la soirée organisés à l'hôtel Continental.

Pour le banquet, plusieurs salons avaient été luxueusement préparés; dans la cour, couverte pour la circonstance et convertie en jardin, la musique de la garde républicaine a joué pendant le repas.

De même que dans la cérémonie de la journée, la presse de toutes nuances était représentée; c'est ce qui donne une grande importance à cette manifestation.

M. de la Berge, chargé par tous ses confrères de répondre au toast chaleureux porté à la presse par M. Cahen, a exprimé en d'excellents termes les sympathies que rencontrent partout les Écoles des arts et métiers.

La Petite République Française du mardi 10 août 1880.

LE CENTENAIRE DES ÉCOLES

DES ARTS ET MÉTIERS.

LIANCOURT.

Les représentants de la presse parisienne, réunis hier matin, dès huit heures et demie, à la gare du Nord, ont été admirablement accueillis par le comité de l'association, qui les a installés dans les wagons du train spécial avec une prévenance et une urbanité qu'on ne saurait assez louer.

A la gare de Liancourt, où les autorités locales, accompagnées d'un piquet de cuirassiers et entourées par une foule considérable, attendaient les voyageurs parisiens, membres de l'Association et journalistes, une ouverture de bienvenue, exécutée avec entrain par deux fanfares, a été couverte d'applaudissements.

Sur la route, toute bordée de mâts et d'oriflammes, et semée d'arcs de triomphe portant les inscriptions : *Honneur aux arts et métiers; Honneur à l'Industrie, au berceau des Écoles*, le cortège est acclamé, et, malgré une averse survenue juste au moment où l'on a quitté la gare, pas un spectateur ne songe à s'enfuir.

C'est la pluie qui doit céder : elle cédera, sauf à recommencer bientôt.

Place de la Mairie, premier arrêt du cortège. M. Martin, président du Centenaire, ingénieur du chemin de fer de l'Est, directeur de la ligne de Vincennes, prononce un discours à la louange de La Rochefoucauld-Liancourt, qui fut si dévoué aux idées de progrès, de liberté et d'humanité.

M. Franck de La Rochefoucauld, descendant des Liancourt, remercie en termes fort dignes l'orateur.

Le cortège se remet en marche et arrive sur le plateau, où se trouve l'École, dont le seuil est décoré d'une plaque nouvelle rappelant la date de sa fondation et celle du Centenaire.

Nouvelle averse sérieuse cette fois, pendant que divers orateurs essayent de se faire entendre aux abords de l'École. On se disperse dans toutes les directions pour se retrouver, à l'heure voulue, sous la tente où les invités vont déguster l'excellent déjeuner fourni par la maison Potel et Chabot.

Un toast de M. Martin aux habitants et à la municipalité de Liancourt a été suivi d'une réponse charmante de M. Babeuille, adjoint.

M. Arbel, sénateur, a prononcé une allocution très remarquable, où il a su faire l'éloge du grand philanthrope à qui l'on doit les Écoles des arts et métiers et manifester, par un toast à M. Grévy, ses sentiments républicains.

De chaleureux applaudissements accueillent cette allocution.

Le repas se termine au milieu de la plus aimable cordialité. Autour de la tente, l'artillerie des pétards gronde, les fanfares jouent la *Marseillaise,* la fête est complète.

Mais il faut déjà songer au retour et quitter cette jolie campagne que la multiplicité des averses n'a pas réussi à assombrir.

Pendant qu'une partie des membres de l'association demeurent à Liancourt pour le bal et le feu d'artifice, les autres, suivis des journalistes, partent pour Paris.

A l'hôtel Continental!

PARIS.

Au milieu des fleurs, des fruits, des cristaux allumés par la flamme des bougies, le couvert est dressé dans la salle des fêtes de l'hôtel Continental, le couvert de la table d'honneur, car, afin de placer les 550 membres qui ont tenu à souscrire et à assister au banquet, il a fallu garnir des tables dans plusieurs autres salons.

Les convives sont placés par promotion. Le doyen de l'association est un vieil homme très gaillard, M. Schreuder, âgé de quatre-vingt-six ans, et qui est sorti de l'École des arts et métiers de Châlons pour aller faire le coup de feu en 1814. A huit heures, la musique sans rivale de la garde républicaine commence le concert par les *Drapeaux,* brillante fantaisie de M. Sellenick.

Le placement est un peu laborieux; à côté de M. Martin, président du Centenaire, s'assoit : à gauche, M. Tresca, sous-directeur du Conservatoire des arts et métiers; M. Brull, vice-président de la Société des ingénieurs civils; M. Loustau, trésorier. A la droite du président, M. Gottschalk, président de la Société des ingénieurs civils; M. Regnard, secrétaire ; en face, M. Blondel, architecte de l'hôtel Continental et membre de l'association. Nul représentant du ministre de l'agriculture et du commerce : M. Tirard est dans son arrondissement, M. Girerd est à Cherbourg.

La souscription a produit plus de 50,000 francs. Plusieurs sociétaires ont souscrit pour plus de 1,000 francs.

L'association, ayant des fonds à sa disposition, en a usé avec une générosité et, — il faut le dire, — une bonne grâce qui laissera un souvenir durable dans la mémoire de ceux qui ont eu la bonne chance d'avoir affaire avec elle, et dans la mémoire de ses invités.

Conducteurs du train, chauffeurs, employés du restaurant Potel et Chabot, à Liancourt, de l'hôtel Continental, à Paris, tous ont eu leur part de la fête de la Société.

Le dîner est long, mais soigné. Les toasts commencent, — ceci est notre excuse, — vers onze heures.

En voici l'énumération ; qu'on ne nous demande pas une analyse.

TOASTS PRONONCÉS PENDANT LE BANQUET

M. Martin, président du Centenaire, à M. le Président de la République, à M. le Ministre de l'agriculture et du commerce ;

M. Mignon, vice-président du Centenaire, à la mémoire du duc de La Rochefoucauld-Liancourt ;

M. Léon, à MM. les invités ;

M. Cahen, à la presse.

TOAST A LA PRESSE

Permettez-moi, à mon tour, messieurs, d'éveiller toute votre sympathique reconnaissance envers notre belle et grande presse française.

Est-il besoin de rappeler à votre souvenir les services constants que ne cesse de rendre la presse à tout ce qui touche, de près ou de loin, à notre industrie nationale ?

Est-il besoin de vous redire que chaque fois que nous avons fait appel à la presse, soit pour défendre une idée loyale et juste, soit pour réprimer un abus, soit pour sauvegarder l'honneur et le drapeau de nos Écoles, nous avons toujours trouvé l'accueil le plus bienveillant et le plus désintéressé ?

Non, messieurs, vous n'avez rien oublié, et la presse française peut être sûre que vous n'oublierez jamais qu'elle est et a toujours été le soutien empressé de tout ce qui est digne, noble et grand.

Je vous propose donc de boire à la santé de la presse française. (Nombreux applaudissements. — Tous les convives se lèvent et se tournent vers la table de la presse.)

Le Rappel du mardi 10 août 1880.

LE CENTENAIRE DES ÉCOLE

DES ARTS ET MÉTIERS.

C'était hier fête à Liancourt. Les anciens élèves des Écoles d'arts et métiers de Châlons-sur-Marne, d'Aix et d'Angers venaient y fêter le centenaire de la fondation de l'École de la Montagne.

A huit heures du matin, près de six cents d'entre eux se réunissaient à la gare du Nord, d'où un train spécial les conduisait en une heure à destination.

La population entière de la ville, en habits de fête, s'était réunie aux abords de la gare. Étaient présents le maire, les adjoints, les conseillers municipaux et nombre de notabilités industrielles du pays.

Six musiques, parmi lesquelles la musique des pompiers de Liancourt, jouaient ensemble la *Marseillaise* à l'arrivée du train. Puis le cortège, ayant à sa tête les autorités municipales, M. Arbel, sénateur; M. de La Rochefoucauld-Liancourt: M. Martin, président honoraire; M. Mignon, ancien président de la Société des anciens élèves des Écoles d'arts et métiers et le bureau de la Société, se mit en marche vers la ferme. Un escadron de cuirassiers formait la haie.

Toutes les fenêtres, toutes les portes des maisons, étaient ornées d'écussons et de faisceaux de drapeaux, et, depuis la gare jusqu'à la ferme, située à deux kilomètres, étaient disposés, de distance en distance, des arcs de triomphe.

Sur la place principale de la ville, on s'arrêta au pied de la statue de La Rochefoucauld-Liancourt, et là, dans un discours maintes fois interrompu par des applaudissements unanimes, M. Martin, ingénieur en chef de la compagnie de l'Est, prononça l'éloge de cet ami de Carnot, dont toute la vie fut dévouée au développement de l'instruction populaire.

De la ville on se rendit à la ferme, modeste berceau de nos trois Écoles. La ferme est située sur une éminence d'où l'on découvre un panorama splendide. Ici étaient les ateliers, là le réfectoire, là le dortoir. M. Trotabas, lieutenant de vaisseau, prononça des paroles émues.

Puis, aux accents de la *Marseillaise* on redescend déjeuner à Liancourt sous une immense tente. Des toasts sont portés à la population, au Président de la République, à la mémoire du fondateur des Écoles d'arts et métiers, par MM. Arbel, sénateur, de La Rochefoucauld-Liancourt et Martin.

Le soir, il y a eu illumination et retraite aux flambeaux à Liancourt.

A Paris, un banquet a réuni à l'hôtel Continental 530 sociétaires. Le banquet a été suivi d'une réception, pendant laquelle un brillant concert a été donné.

Les anciens élèves des Écoles d'arts et métiers se souviendront longtemps de cette bonne fête fraternelle, qui sera un stimulant au travail pour ceux qui suivent actuellement les cours à Châlons, à Aix et à Angers.

La République Française du mardi 10 août 1880.

LE CENTENAIRE DE LA FONDATION

DES ÉCOLES D'ARTS ET MÉTIERS.

Les anciens élèves des Écoles nationales d'arts et métiers ont célébré hier le Centenaire de la fondation de la première de ces écoles qui a été instituée à Liancourt, dans le département de l'Oise, par le duc de La Rochefoucauld en 1780.

Un train spécial, parti de Paris à huit heures du matin, a amené les anciens élèves des Écoles et leurs invités à Liancourt, où ils ont été reçus par M. Pérot, membre du conseil municipal de cette ville, entouré de ses collègues et des sociétés orphéoniques des environs. Précédés d'un peloton de cuirassiers en grande tenue, les membres de la Société nationale des Écoles d'arts et métiers ont traversé la ville de Liancourt, qui était pavoisée et dans laquelle plusieurs arcs de triomphe avaient été établis, et se sont arrêtés devant la statue élevée, en 1861, au duc de La Rochefoucauld. M. Martin, président honoraire de la Société, a rendu hommage au fondateur de la première École d'arts et métiers. Puis, le cortège s'est remis en marche et a été visiter la ferme de la Faïencerie, où cette École avait été instituée. Un ancien officier de marine, M. Trotabas, a fait l'historique des Écoles d'arts et métiers, et a indiqué les services qu'elles rendaient à l'industrie et au pays en formant d'habiles contre-maitres et des citoyens qui défendront les institutions républicaines.

De retour dans la ville de Liancourt, les membres de la Société ont pris place sous une immense tente, où était servi un déjeuner de 527 couverts. On remarquait à la table d'honneur M. Arbel, sénateur, président de la Société qui a porté un toast très applaudi à M. le Président de la République; MM. Martin, Albaret, Dietz, Albert Cahen, Blondel, Bajac, Lebrun, membres du comité de la Société.

Les membres de la Société sont rentrés à Paris par un train spécial qui a quitté Liancourt à quatre heures un quart, et se sont de nouveau réunis à huit heures à l'hôtel Continental, où a eu lieu le banquet du Centenaire. Au dessert, M. Martin a porté un toast à M. le Président de la République; M. Mignon à la mémoire de M. le duc de La Rochefoucauld; M. Albert Cahen à la presse, et M. Trotabas aux membres de la Société qui n'avaient pu assister à la fête du Centenaire. Un rédacteur du journal *le Siècle* a remercié le comité d'organisation de la manière gracieuse dont les membres de la presse avaient été accueillis, a bu à la prospérité des Écoles d'arts et métiers et a exprimé le souhait que le nombre en fût prochainement porté à six ou à huit.

Le banquet a été suivi d'une soirée musicale et artistique, donnée avec le concours de Mmes Marie Hamann, Baretta et Judic; de MM. Coquelin aîné et cadet, Duchenne et Melchissédec.

Le Siècle du mardi 10 août 1880.

LE CENTENAIRE DES ÉCOLES

D'ARTS ET MÉTIERS.

Nous avons publié hier, en dernière heure, quelques informations sur le banquet du Centenaire des Écoles d'arts et métiers. Voici de nouveaux détails sur cette intéressante fête :

Le banquet, magnifiquement organisé, était présidé par M. Martin, ingénieur, ancien président de la Société des anciens élèves.

Les convives étaient au nombre de plus de cinq cents, parmi lesquels une cinquantaine d'invités seulement. La plupart des journaux de Paris, *le Temps, le Siècle, la République française*, le *Journal des Débats, la France, l'Événement, le XIXe Siècle, le National, le Petit Journal*, etc., étaient représentés à cette fête.

M. Martin a porté un toast au Président de la République et un toast au ministre de l'agriculture et du commerce.

M. Mignon a ensuite bu à la mémoire du duc de La Rochefoucauld;

puis M. Léon a remercié gracieusement les invités qui assistaient au banquet, et a bu à leur santé.

M. Tresca, professeur au Conservatoire, a répondu au toast de M. Léon par un tableau très intéressant des mesures prises par le gouvernement pour la prospérité des Écoles des arts et métiers.

Puis M. Cahen a porté le toast suivant à la presse :

Permettez-moi à mon tour, messieurs, d'éveiller toute votre sympathique reconnaissance envers notre belle et grande presse française.

Est-il besoin de rappeler à votre souvenir les services constants que ne cesse de rendre la presse à tout ce qui touche, de près ou de loin, à notre industrie nationale.

Est-il besoin de vous redire que chaque fois que nous avons fait appel à la presse, soit pour défendre une idée loyale et juste, soit pour réprimer un abus, soit pour sauvegarder l'honneur et le drapeau de nos Écoles, nous avons *toujours* trouvé l'accueil le plus bienveillant et le plus désintéressé?

Non, messieurs, vous n'avez rien oublié, et la presse française peut être sûre que vous n'oublierez jamais qu'elle est et a toujours été le soutien empressé de tout ce qui est digne, noble et grand.

Je vous propose donc de boire à la santé de la presse française. (Nombreux applaudissements. — Tous les convives se lèvent et se tournent vers la table de la presse.)

M. Albert de la Berge, notre collaborateur, ayant été prié par ses collègues présents de la presse parisienne de répondre au toast précédent, a pris la parole en ces termes :

Messieurs,

Permettez-moi de venir, au nom de mes confrères de la presse parisienne ici présents, remercier l'honorable M. Cahen des éloges trop bienveillants qu'il a accordés à la presse.

Je l'en remercie d'autant plus volontiers que la presse française, et *le Siècle* en particulier, ont de bien vives et bien sincères sympathies pour les trois Écoles que vous fêtez ici. La presse est aujourd'hui un des plus puissants instruments d'éducation populaire et de démocratisation; comment pourrait-elle ne pas être favorable à des écoles qui ont été organisées par notre immortelle Révolution et qui représentent une des plus saines et des plus fécondes applications de l'idée démocratique? L'École des arts et métiers est l'association intime du travail manuel et du travail intellectuel. Quoi de plus pratique, de plus noble, de plus fortifiant? Les Écoles d'arts et métiers fournissent à notre armée industrielle toute une légion d'officiers instruits, modestes, laborieux, dont beaucoup vont à l'étranger faire honorer le nom de notre grande patrie française. Comment la presse ne désirerait-elle pas la prospérité de pareilles institutions?

Je bois, messieurs, à vos trois Écoles, à Angers, à Châlons, à Aix. Je forme le vœu que le nombre de ces écoles s'augmente et que notre chère République en compte bientôt six ou huit au lieu de trois.

Après ces quelques paroles, qui ont été couvertes d'applaudissements, M. Blondel a porté le toast suivant aux anciens élèves de l'école et aux absents non oubliés d'Alsace-Lorraine :

Mes chers camarades,

Permettez-moi de vous adresser quelques mots en venant vous proposer de porter un toast à la Société des anciens élèves des Écoles nationales d'arts et métiers, à son comité, à notre bonne confraternité et enfin à nos chers et braves camarades d'Alsace-Lorraine.

Un vaillant petit journal qui a toujours soutenu nos Écoles en ami sincère et convaincu admirait, il y a quelques jours, la solidarité qui unit tous les anciens élèves des Écoles nationales d'arts et métiers : « Cette solidarité, disait-il, fait grand honneur aux écoles et témoigne hautement de la force des liens qui unissent les générations industrielles qui en sont sorties. »

C'est qu'en effet, messieurs et chers camarades, le caractère de nos Écoles, ce qui a fait et fera toujours la force de notre famille, c'est précisément ce sentiment de bonne confraternité, de solidarité intime qui nous unit.

Entretenons ce sentiment parmi les jeunes camarades qui sortent annuellement de nos Écoles, appelons-les à nous dès leur sortie, guidons-les toujours dans leurs débuts, ne cessons jamais de les soutenir et de les aider de notre expérience avec toute la vigilance qui doit nous animer; c'est en exprimant ces vœux, au nom de vous tous, chers camarades, que je vous propose de boire à la confraternité de tous les anciens élèves, ainsi qu'à la prospérité de notre grande et généreuse Société, sans laquelle nous n'aurions pas le bonheur de nous trouver réunis en ce grand jour.

Et maintenant, messieurs et chers camarades, ne terminons pas ce toast sans y inscrire tout particulièrement nos bons camarades alsaciens-lorrains. Qu'ils sachent bien que nous les associons à toutes nos fêtes comme à toutes nos espérances, que nous ne saurions nous séparer sans avoir reporté pieusement nos souvenirs vers eux, sans avoir cimenté une fois de plus les liens de fraternité qui nous unissent et que rien ne pourra jamais détruire.

Messieurs,

A la Société des anciens élèves,
Au comité qui la dirige,
A notre bonne et constante confraternité.
A nos chers camarades d'Alsace-Lorraine.

Ce toast patriotique a été salué des plus chaleureux applaudissements.

M. Albaret, le grand industriel, a porté un toast au sculpteur Maindron, élève de l'École des arts et métiers d'Angers et auteur de la statue du duc de La Rochefoucauld-Liancourt. MM. Trotabas et Bazaille ont porté la santé des camarades absents et des camarades non-sociétaires. Enfin, M. Guettier, l'historien des Écoles d'Angers, de Châlons et d'Aix, a porté un toast aux Écoles d'arts et métiers.

Après le banquet a eu lieu un magnifique concert. MM. Melchissédec,

Coquelin aîné et cadet, Duchenne, Mlles Baretta, Hamann et Judic se sont fait entendre.

Les frais de cette fête magnifique étaient couverts d'avance par une souscription ouverte par un comité d'anciens élèves des Écoles. Le produit de la souscription a dépassé la somme de 45,000 fr.

Le XIXe Siècle du mardi 10 août 1880.

LE CENTENAIRE DES ÉCOLES

D'ARTS ET MÉTIERS.

Pendant qu'à Cherbourg on célèbre avec éclat une fête politique et militaire, une solennité, moins grandiose sans doute, mais bien émouvante aussi, et digne d'intérêt, réunissait hier un grand nombre de nos ingénieurs et de nos industriels. Il s'agissait de fêter le Centenaire de la fondation de ces Écoles d'arts et métiers, qui ont rendu et rendront encore tant et de si grands services à l'industrie et au commerce français et ont si puissamment contribué à la prospérité de notre pays.

Angers, Châlons, Aix! que d'hommes véritablement utiles, que d'inventeurs féconds, que de grands manufacturiers sont sortis de ces officines savantes au cours du siècle écoulé depuis la création de l'enseignement technique en France, sous la protection du duc de La Rochefoucauld-Liancourt! Les noms de ces trois Écoles méritent d'être inscrits en lettres d'or en tête du livre de nos richesses nationales, à côté de ceux de l'École polytechnique et de l'École centrale, car en alimentant sans cesse nos usines et nos exploitations de chefs d'atelier habiles et d'ingénieurs instruits, elles ont assuré le développement constant de l'industrie française.

Aussi, heureux de saisir cette occasion pour rendre hommage aux services rendus, les invités des anciens élèves de ces Écoles se sont-ils empressés de répondre à leur appel et de se joindre à eux pour célébrer le Centenaire.

C'est à la gare du Nord que rendez-vous avait été pris. A 8 heures 45, un train spécial emmenait organisateurs et invités à Liancourt.

Par un sentiment de piété auquel on ne peut que rendre hommage, c'est en effet par un pèlerinage à Liancourt, siège de l'École mère des arts et métiers et où repose son fondateur, que les organisateurs de la fête ont voulu qu'elle débutât.

Le duc de La Rochefoucauld-Liancourt fut un des esprits les plus libéraux et un des philanthropes les plus éclairés du siècle dernier. Il fut un des créateurs des caisses d'épargne, un des propagateurs de la vaccine et le fondateur des Écoles pratiques d'arts et métiers dont il avait conçu l'idée pendant un voyage en Angleterre.

C'est en 1780 qu'il institua la première de ses Écoles dans sa ferme de la Montagne (aujourd'hui la Faïencerie), dépendant du château de Liancourt. A la Révolution, l'École passa dans le domaine national et fut transférée au château de Compiègne.

Le duc de La Rochefoucauld fut nommé inspecteur général des écoles industrielles, des prisons, etc.

En 1806, Napoléon Ier revendiqua le château de Compiègne pour la Couronne et l'École fut installée à Châlons-sur-Marne.

Si peu favorable que fût le premier empire au développement de l'industrie, la fondation du duc de la Rochefoucauld-Liancourt était si judicieuse et si utile qu'une seule École parut insuffisante; un décret de 1804 a ordonné la création d'une seconde École dans l'Ouest.

Elle fut établie à Beaupréau, d'abord, puis à Angers (1815).

Enfin, en 1843, la création d'une troisième École fut décidée pour le Sud. M. Thiers, alors tout-puissant, l'obtint pour sa ville natale, Aix-en-Provence.

Aujourd'hui, il est question d'en créer deux nouvelles, l'une à Lille et l'autre à Nevers.

Le souvenir des services rendus par le duc de la Rochefoucauld est demeuré une des traditions de ces Écoles. La Restauration, qui traitait tous les hommes libéraux en ennemis publics, lui retira ses fonctions honorifiques d'inspecteur général, mais les élèves des arts et métiers n'en continuèrent pas moins à le considérer comme leur chef, et lorsqu'il mourut, le 27 mars 1827, ils voulurent lui rendre un public et suprême hommage. Cette manifestation amena des incidents graves que le *Journal des Débats* racontait, le lendemain des obsèques, en ces termes :

A dix heures du matin, les anciens élèves de l'École des arts et métiers de Châlons, dont l'illustre défunt avait été longtemps inspecteur général et le bienfaiteur, s'étaient réunis à son hôtel et ont porté eux-mêmes ses dépouilles mortelles à l'église (la Madeleine).

...Après le service divin, les jeunes gens se disposaient à continuer jusqu'à la barrière Clichy (où le corps devait être mis en fourgon pour être porté à Liancourt) l'hommage par lequel avait commencé la cérémonie funèbre.

A l'instant, un des officiers supérieurs, commandant l'un des détachements de l'escorte funèbre, s'est avancé vers le groupe qui voulait s'emparer du cercueil et a déclaré qu'il était intervenu une défense de porter le corps autrement que dans le corbillard et a manifesté l'intention d'exécuter par la force l'ordre qu'il avait reçu.

Cette défense a paru si inexplicable, surtout d'après la manière décente dont la translation avait eu lieu, depuis l'hôtel de M. le duc de La Rochefoucauld jusqu'à l'église, que les jeunes gens n'ont pas cru devoir déférer à une intimation verbale émanée de l'autorité militaire, que ne confirmait d'ailleurs aucune loi promulguée, aucune ordonnance connue de police, et contraire à une foule d'exemples assez récents qui n'avaient pas même provoqué le plus léger murmure. Ils se sont donc mis en état d'exécuter ce qu'ils avaient très innocemment projeté.

Alors l'officier dont nous venons de parler s'est permis d'employer la violence; les baïonnettes ont été mises au bout des fusils; plusieurs jeunes gens ont été frappés; des témoins dignes de foi nous assurent même qu'il y a eu des blessures graves, que le sang a coulé et que, dans ce désordre affreux, le cercueil d'un ami de l'humanité, du plus respectable des hommes, abandonné par les mains qui le soutenaient, a été précipité et est resté quelque temps dans le ruisseau!...

On l'a enfin relevé; il a été placé sur le corbillard. Le cortège s'est remis en route...

C'est ainsi que la monarchie savait noblement se venger des hommes qui avaient eu la criminelle intention de favoriser le développement de l'instruction!

Revenons à la fête.

En arrivant à la gare de Liancourt, les voyageurs du train spécial ont été reçus par les autorités locales, au nom de qui M. Pérot, conseiller municipal, a prononcé quelques paroles de bienvenue; et, précédés de fanfares, escortés par des détachements de cuirassiers et une compagnie de pompiers, ils se sont dirigés vers la coquette ville de Liancourt, distante de deux kilomètres.

Le long du parcours suivi par le cortège, des arcs de triomphe avaient été élevés, des mâts ornés d'oriflammes et de drapeaux, des arbustes étaient dressés, et les maisons étaient pavoisées.

Sur la place de la ville, première station au pied de la statue du duc de La Rochefoucauld, due au statuaire Maindron, et fondue à l'École d'Angers. Prenant place sur une estrade élégante, M. Martin, ingénieur en chef du chemin de fer de l'Est, président du Centenaire, a pris la parole, et, dans une éloquente allocution, il a retracé la vie si honorable du duc, raconté ses services et rappelé en quelques mots ceux que son fils, M. le marquis de La Rochefoucauld-Liancourt, a rendus à la Société des anciens élèves des Écoles qu'il a dotée. De chaleureux applaudissements, est-il besoin de le dire? ont accueilli cet excellent discours.

Une demi-heure après, on arrivait à la ferme de la Faïencerie, dont la porte principale porte une inscription tout nouvellement installée et qui rappelle que là fut établie la première École des arts et métiers. Avant la visite de cet établissement, aujourd'hui transformé en bergerie, M. Trotabas, lieutenant de vaisseau en retraite, ancien élève des Écoles, a prononcé quelques paroles pour préciser le rôle joué depuis leur fondation par ces institutions où l'enseignement associe la pratique à la théorie. Il a constaté le mouvement sympathique qui se produit en leur faveur et dont il trouve la preuve dans l'empressement que mettent les municipalités de diverses villes à offrir des subventions importantes pour obtenir d'en être dotées. Ces écoles, a-t-il dit en terminant, donnent à la France des ouvriers laborieux et des soldats déjà dressés et disciplinés.

En sortant de la *Faïencerie*, on est rentré dans la ville pour se rendre à la promenade publique, dont le centre était occupé par une tente abritant des tables de 550 couverts, autour desquelles les invités ont pris place. Un fort beau banquet a été servi. M. Martin, doyen des présidents de la Société des anciens élèves, présidait, ayant à ses côtés M. Arbel, sénateur, président actuel de la Société, M. Franck de La Rochefoucauld-Liancourt, petit-fils du duc, officier de cavalerie, M. Mignon, vice-président du Centenaire, M. Schreuder, doyen des élèves (il appartenait à l'École de Compiègne en 1814), et les membres du conseil municipal de Liancourt.

Au dessert, des toasts ont été portés par M. Martin à la municipalité et aux habitants de Liancourt, par M. Babeuille, adjoint de Liancourt, aux élèves des Écoles d'arts et métiers; par M. Arbel, au Président de la République. M. Franck de La Rochefoucauld enfin a remercié l'assistance de l'hommage si émouvant rendu à la mémoire de son grand-père.

Pendant toute la cérémonie, des morceaux étaient joués ou chantés par les fanfares de Liancourt, de la maison Albaret, de Clermont, de Mouy, le choral de Liancourt et le choral de Nogent-les-Vierges.

A quatre heures, un train spécial ramenait les invités à Paris.

Le soir, un banquet somptueux réunissait environ 500 convives dans les salons de l'hôtel Continental. Par suite de circonstances fortuites et regrettables, le ministre de l'agriculture et du commerce n'était pas représenté. A l'arrivée et pendant toute la durée du repas, la musique de la garde républicaine, installée dans une serre voisine de la salle, a joué des morceaux de son répertoire.

Les commissaires de la fête, tous anciens élèves des Écoles, faisaient les honneurs avec une cordialité parfaite. De nombreux toasts ont été portés au dessert. M. Martin a porté la santé du Président de la République française; la *Marseillaise* a répondu à ce toast patriotique et a été couverte de bravos. Il a porté celle aussi du ministre de l'agriculture et du commerce, qui a prouvé sa sollicitude pour les Écoles des arts et métiers, et celle de M. Girard, directeur du commerce intérieur, qui s'était fait excuser; M. Mignon, vice-président, a bu à la mémoire du duc de La Rochefoucauld-Liancourt, M. Léon aux invités; M. Cahen à la presse française; M. Blondel aux anciens élèves des Écoles.

Après le banquet, une soirée littéraire et musicale emplissait les salons par l'attrait d'un programme où figuraient Mmes Judic, Baretta, Hamann, MM. Coquelin frères, Melchissédec et Duchenne. Elle commence à l'heure où nous écrivons, mais les noms que nous venons de citer nous garantissent qu'elle aura clos dignement une journée où rien n'a manqué, ni les nobles émotions, ni les plaisirs délicats.

Le Temps du mardi 10 août 1880.

LE CENTENAIRE DE LA FONDATION

DES ÉCOLES D'ARTS ET MÉTIERS.

M. le duc de La Rochefoucauld-Liancourt installait en 1780, dans une ferme dépendant de ses domaines, situés sur le plateau qui domine Liancourt et la vallée de l'Oise, une École ouvrière qui prit le nom « d'École de la Montagne. » Il y fit élever à ses frais vingt orphelins. Des sous-officiers leur enseignaient la lecture, l'écriture, le calcul, quelques éléments de certains métiers et les notions d'instruction militaire. Le duc se proposait de faciliter le grade d'officiers aux enfants du peuple.

Cette école, subissant les conséquences du développement industriel, s'est modifiée, transformée, et a donné naissance aux Écoles d'arts et métiers qui comptent aujourd'hui neuf cents élèves. Dans plusieurs villes de France et des colonies, Marseille, Bordeaux, Oran, on célébrait hier le Centenaire de leur fondation.

A Paris, les anciens élèves, au nombre de six cents, appartenant à toutes les professions : ingénieurs, industriels, négociants, architectes, chefs d'atelier, avaient organisé une excursion à Liancourt au berceau des Écoles, et une soirée à l'hôtel Continental, sous la présidence de M. Louis Martin, le sympathique ingénieur de la Compagnie de l'Est, directeur de la ligne de Vincennes.

A neuf heures du matin, un train spécial partait de la gare du Nord emportant les *gadezarts*. Ce nom, sous lequel on désigne les élèves dans les ateliers, est une corruption des mots « gars des arts ».

Le convoi file à toute vitesse sans arrêt. On relie connaissance, on parle du passé, des souvenirs d'école, des tours qu'on jouait aux adjudants. Un de nos grands industriels parisiens rappelait en riant qu'à l'École de Châlons, pour protester contre le rétablissement des promenades générales, sa division, composée de cent élèves, s'était promenée à travers les rues de la ville, chacun en uniforme et coiffé d'un bonnet de coton. Cette escapade lui valut de redescendre du grade de fourrier à celui de caporal.

Liancourt! le train s'arrête. Au moment où nous débarquons, on tire des boîtes d'artillerie, les fanfares de la ville jouent; M. Pérot, premier adjoint, souhaite la bienvenue aux anciens élèves; à ce moment, un nuage crève, la pluie tombe à torrents, et les discours s'échangent entre M. Martin et M. Pérot sous des parapluies. Les abords de la gare étaient envahis par la foule endimanchée, qui tendait le dos sous l'averse. Un rayon de soleil parait, la pluie cesse et le cortège se dirige à travers les rues pavoisées, enguirlandées, ornées de portes de verdure, vers la statue de M. le duc de La Rochefoucauld-Liancourt. Elle est l'œuvre d'un ancien élève, M. Maindron, l'auteur de *Velléda*, et a été coulée en bronze dans les ateliers de l'École d'Angers.

M. Martin gravit les marches de l'estrade établie au pied de la statue et prononce l'éloge de M. de La Rochefoucauld-Liancourt. La voix de l'orateur porte très loin; il rappelle le modeste fondateur de l'École de la Montagne et exprime son admiration « pour l'homme qui a doté son pays d'une institution dont les résultats sont si féconds. « C'est à elle, dit-il, qu'on doit un personnel que ses connaissances théoriques et pratiques ont mis à même de contribuer pour une large part au développement de notre industrie. »

Après ce discours, accueilli par des applaudissements unanimes, le cortège se rend, à travers un chemin grimpant et bordé de futaies, à la ferme près de laquelle fut élevée l'École ouvrière. L'endroit était magnifique pour recevoir une averse; un plateau nu, dominant la vallée. La pluie croulait; hommes, femmes, enfants s'entassaient, ruisselants; les *gadezarts* faisaient tête à l'orage; l'un d'eux, M. Trotabas, officier de marine, attendait, debout contre la porte de la cour de la ferme, que le grain fût passé pour prononcer son discours. Cette fois encore, le soleil s'est montré bon enfant et est revenu pour ne plus nous quitter.

M. Trotabas, dans un historique rapide des Écoles d'arts et métiers, a montré le chemin qu'elles avaient parcouru depuis leur humble origine, « tant il est vrai, a-t-il dit, que toute idée qui contient en germe une chose bonne, utile, suit son cours et prospère! C'est là que fut le berceau de ceux que, chaque année, les Écoles d'arts et métiers rendent à la patrie; le service militaire étant une nécessité, elle peut compter sur eux, ils sauront défendre son sol, sa dignité, et les institutions qu'elle s'est librement données. »

Les applaudissements coururent dans la foule; la porte fut ouverte et on se dispersa dans l'immense cour de l'ancienne École. Les bâtiments de la ferme, vieillis et noircis, tapissés de vigne, couverts de tuile rouge, sont seuls encore debout. Ceux de l'École ont été détruits; sur leur emplacement on a planté un potager.

A midi, un déjeuner de cinq cent trente couverts a été dressé sous une tente élevée sur la place de la Mairie. M. Martin avait à sa gauche M. Arbel, sénateur; à sa droite, MM. Franck de La Rochefoucauld, petit-fils du fondateur des Écoles; Albaret, constructeur à Liancourt; à la table d'honneur avaient pris place les membres du conseil municipal, les représentants de la presse et quelques invités; tous ont assisté au banquet donné le soir à l'hôtel Continental.

Des cris répétés : « Vive la République! » ont accueilli le toast porté par M. Arbel à M. Grévy, Président de la République. Dans le courant de l'après-midi, un élève de Châlons, M. Schreuder, âgé de quatre-vingt-cinq ans, s'est rendu, accompagné d'une centaine d'élèves, au tombeau du duc, situé dans le parc de Liancourt, et a prononcé quelques paroles de reconnaissance qui ont fort ému ses amis.

A cinq heures et demie du soir, le train spécial rentrait à la gare du Nord. Trois heures après, ceux qui avaient pris part à l'excursion se retrouvaient à la table de l'hôtel Continental, où un excellent dîner a été servi. Nous serrons la main à M. Denis Poulot, maire du XIe arrondissement de Paris et ex-élève de Châlons. Parmi les invités, citons MM. Tresca, sous-directeur du Conservatoire des arts et métiers; Gottschalk, président de la Société des ingénieurs civils; Langonet, directeur de l'École des arts de Châlons; Blondel, architecte de l'hôtel Continental et ex-élève des Arts et Métiers; les membres du conseil supérieur de l'enseignement technique, etc.

Des toasts ont été portés par :

M. Martin, président du Centenaire, à M. le Président de la République, à M. le Ministre de l'agriculture et du commerce;

M. Mignon, vice-président du Centenaire, à la mémoire du duc de La Rochefoucauld-Liancourt;

M. Léon, à MM. les invités;

M. Cahen, à la presse.

La garde républicaine, sous la direction de M. Sellenick, a exécuté plusieurs morceaux pendant la durée du banquet.

Pendant qu'on était monté dans les salles situées au premier étage de l'hôtel, celles du rez-de-chaussée se transformaient en salle de théâtre. A onze heures, les portes se rouvraient; jusqu'à une heure et demie, Mmes Hamann, Baretta, Judic, et MM. Coquelin aîné, Coquelin cadet, Melchissédec, Duchenne, ont tenu leurs auditeurs sous le charme.

La souscription recueillie pour la fête du Centenaire des Écoles, entre les anciens élèves, s'est élevée à 50,000 francs.

MM. Claudel et Dietz y assistaient. Le premier, ingénieur des chemins de fer d'Autriche, est venu de Vienne pour le Centenaire; le second habite Constantinople. On nous montrait M. Monot, qui occupe un emploi analogue au Brésil et qui a profité de cette réunion des anciens élèves pour venir serrer la main à ses compagnons d'École. La solidarité et la fraternité sont des vertus chères aux *gadezarts*. Les amitiés qu'ils contractent à la forge, à l'étau, à la fonderie, résistent au temps; il est aisé de s'en apercevoir dans la fête d'hier, au courant de laquelle se renouvelaient sans cesse leurs témoignages de mutuelle affection

---

Le Figaro du mercredi 25 août 1880.

Le succès de la fête de Liancourt a attiré l'attention du gouvernement sur les Écoles des arts et métiers.

Le ministère de l'agriculture et du commerce en trouve le nombre absolument insuffisant. Il vient donc de décider qu'aux trois Écoles existantes qui sont situées, on le sait, à Châlons-sur-Marne, à Aix et à Angers, seraient ajoutées deux autres Écoles, édifiées sur le même modèle.

Le choix des villes où seront construites ces Écoles n'est pas encore arrêté. On peut toutefois affirmer qu'il y en aura une au sud-ouest, l'autre à l'est. Vingt villes vont d'ailleurs se disputer la faveur de les abriter.

V

LISTE GÉNÉRALE DES SOUSCRIPTEURS

AU CENTENAIRE[1]

Nom		
*Abbadie, Stanislas	Ang.	1858.
Accolas, Prosper	»	1858.
Adher, Pierre	Aix	1869.
Advenant, Alphonse	Ang.	1856.
*Albaret, Auguste	»	1843.
*Alluchon, Eugène	»	1865.
*d'Almeïda, Emmanuel	»	1870.
Alvarez, Joseph	»	1845.
Altmann	Aix	1870.
Amsler, F. Camille	Ch.	1862.
Ameline	Ang.	1879.
André, Ernest	Ch.	1866.
André, Isidore	»	1860.
Angibeau, Antoine	Ang.	1860.
*Anciaux, Eugène	Ch.	1861.
André, Alphonse	»	1861.
Andra, Louis	Aix	1862.
André, Ulysse	Ch.	1871.
Antoine, Aug.-Emman	»	1843.
*Anquetin, Émile	Ang.	1863.
Anonyme, d'Aix	Aix	....
*Antonio, Alexandre	»	1863.
Andorno, J.	»	1853.
Appert, Jules-René	Ch.	1879.
Arbel, Lucien	Aix	1846.
*Armengaud aîné	Ch.	1829.
*Armengaud, Ch.	»	1833.
*Arnoux, Victor	Aix	1856.
Aroud, Antoine	»	1873.
Arène, Paul	»	1875.
Archambault, Philippe	Ch.	1875.
Arlaud, Paul	Aix	1868.
Arbouin, Pierre	»	1870.
Arthuis, Pierre-Désiré	Ang.	1869.
Auclère, Claudius	»	1875.
Audouard, J.-B.-Marius	Aix	1862.
Audibert, Antoine	»	1874.
Aubré	Ang.	1839.
Audebaud, Oscar	Aix	1879.
Augustin, Jean-François	Ch.	1875.
Autier, Pierre	»	1841.
*Auclair, Antoine	»	1856.
Auphan, François	Ang.	1820.
Aurientis, L.-B.	Aix	1872.
*Augé, Édouard	Ang.	1870.
Baron	»	1857.
*Bajac, Antoine	»	1867.
Badier	Aix	1871.
Baille, Léon	»	1872.
Baillet, E.	Ch.	1867.
Baillot, Léon	»	1871.
*Bail, Michel	»	1870.
Balouzet, Louis	Aix	1875.
*Bance, François	Ch.	1849.
Bardin	Ang.	1879.
Bardon, F.-Th.	Aix	1871.
Barny, Martial	Ang.	1857.
*Barbier, Paul	Ch.	1865.
Barbier, James	»	1861.
Barnier, Héliodore	Aix	1871.

1. Les camarades dont le nom est précédé d'un astérique assistaient au banquet de l'hôtel Continental.

*Bardin, Alphonse . . . . . Ch. 1848.
Barthélemy, Charles . . . Ang. 1852.
*Baratoux, Jules . . . . . . » 1863.
*Baratoux, Charles . . . . » 1864.
Bardet, J.-René . . . . . . » 1868.
*Barbotheux, Georges . . . Aix 1875.
Bardol, Isidore . . . . . . » 1848.
Barrial, Ferdinand . . . . » 1879.
Barrier . . . . » 1870.
Baron, Georges . . . . . . » 1867.
Baret, Gustave . . . . . . » 1873.
*Barrou, Alfred . . . . . . Ch. 1878.
*Baras, Edmond . . . . . . » 1857.
*Bardin, Henri . . . . » 1841.
Bariat, Julien . . . . Ang. 1872.
Baudet, Alexandre . . . . Ch. 1852.
Bas, Jules . . . . » 1850.
*Bailly, Alfred . . . . » 1875.
Barbe, Désiré . . . . » 1841.
Basy, Charles . . . . » 1850.
Bassères, Bonaventure . . Aix 1856.
Baumann . . . . Ch. 1869.
Baudassé, Pascal . . . . . Aix 1870.
Bauchère, Alcide . . . . . Ang. 1869.
*Bauquin, Marcellin . . . . » 1845.
*Bazaille, Antoine . . . . . Ch. 1843.
*Bazaud, Clément . . . . . Ang. 1848.
*Beltrand, Joseph . . . . . Aix 1873.
Berthier, Jacques . . . . . Ang. 1863.
Bernier, H.-Louis . . . . . Ch. 1864.
Bellet, Henri . . . . » 1860.
Beaudet, Edmond . . . . . » 1850.
Benoist, Lucien . . . . . . Ang. 1850.
Bel, J.-B.-P.-Louis . . . . Aix 1874.
*Belon, François-Paul . . . Ch. 1825.
Belot . . . . » 1869.
Beuscher, Armand . . . . Ang. 1860.
Bellaunay, Désiré-Paul . . » 1864.
Berjeaut, Dominique . . . Aix 1847.
Belet, Paul . . . . Ch. 1879.
Bertaut, Louis . . . . . . Aix 1872.
Beltoise, Frédéric-Joseph. » 1846.
Bérenger, Rodolphe . . . » 1848.
*Bernard, François . . . . » 1863.
Benoit, Jules . . . . Ch. 1868.
*Besnard, Frédéric . . . . Ang. 1858.
Bermond, Pierre . . . . . Aix 1857.
Benoist . . . . Ch. 1870.
Berquiot . . . . Aix 1875.
*Bellanger, Émile . . . . . Ang. 1876.

Bécot, Henri . . . . Ang. 1862.
Beaubrun, Sabin . . . . . Ch. 1879.
Becker, Frédéric . . . . . » 1841.
*Bertrand, Hippolyte . . . Aix 1870.
*Bern, Lucien . . . . Ch. 1843.
Bertrand, Paul-Louis. . . Ang. 1857.
Bernard, Jacques . . . . . Aix 1850.
Binot . . . . » 1856.
Bimond, J.-Gaston . . . . » 1864.
Bichat . . . . Ang. 1869.
*Biasse, Henri . . . . Ch. 1872.
Bidal, Léon . . . . » 1866.
Bigot, J.-A. . . . . Ang. 1868.
Biedermann, Philippe . . . Ch. 1868.
Bigot . . . . Aix 1862.
*Bidault, Albert . . . . . . Ch. 1861.
*Bisson, Henri . . . . » 1879.
Blanc, Pierre . . . . Aix 1870.
Blanc, Eugène . . . . . . Ang. 1852.
Blanc, Auguste . . . . . . Aix 1879.
Blanchet, Jean-Baptiste . Ang. 1859.
Blanchon, Louis . . . . . » 1876.
Blayac, J.-Louis . . . . . Aix 1858.
*Blétry, Constant . . . . . Ch. 1860.
*Blétry, Alphonse . . . . . » 1861.
Blocher, Georges . . . . . Ang. 1869.
*Blondel, Henri . . . . . . Ch. 1839.
Blot, Alexandre . . . . . . » 1845.
Blusset, Pierre . . . . . . Aix 1859.
Bonnard, Georges . . . . . Ang. 1872.
Bonheur, Joseph . . . . . Aix 1867.
Bosc, Henri . . . . Ang. 1867.
Boileau . . . . Ch. 1870.
Bourrel, Pierre . . . . . . Aix 1867.
Bodot, A. . . . . Ch. 1865.
Bonvillain, Philibert . . . Aix 1870.
Bonnet, Joseph . . . . . . » 1860.
Bougault, Alfred . . . . . Ang. 1866.
Bourdeau, Paul . . . . . . Ch. 1855.
Bonnaud . . . . Aix 1871.
Boire . . . . Ch. 1858.
Borel, E.-Victor . . . . . » 1879.
Bornadel, Michel . . . . . Aix 1864.
Bornet . . . . Ch. 1879.
Bouchard, Edmond . . . . Aix 1852.
*Boulet, Jean . . . . Ang. 1854.
*Bournique, Henri. . . . . Ch. 1868.
Boussard . . . . » 1853.
Boyé, François . . . . . . Ang. 1869.
Bouvet, Auguste . . . . . Ch. 1840.

*BOUGENOT, Émile	Ch.	1856.
BOUSQUAINAUD, Léon	Aix	1858.
BORN, Louis	Ch.	1870.
BOUTET Antoine	Ang.	1871.
BOUTIN, Édouard	»	1866.
BONNEFONT	»	1850.
*BOUGÈRE	»	1835.
BOUVIER, Casimir	»	1860.
BOSSIÈRE, Henri	»	1864.
BONNIVAL	Aix	1851.
BOUTIN, Olivier	Ch.	1873.
BOUSSUS, François	»	1850.
BOUISSOU, Amable	Aix	1851.
BONNARDEL	»	1855.
BOISSON, Isidore	»	1864.
BOURRIÉ, Emile	»	1877.
BOUDON, Simon	»	1855.
BOYER, René-Adrien	Ch.	1868.
*BOURGEOIS, Louis, père	»	1847.
BOURGEOIS, Edm., fils	Ang.	1877.
BOURGEOIS, Henri fils	»	1878.
BOUILLON, Ch.-Octave	»	1863.
*BONNARIC, Jules	Aix	1867.
*BOURGEOIS, Auguste	Ch.	1840.
*BOURDELAS, Jules	»	1866.
BORDILLON, J.	Ang.	1846.
BOULAN	»	1865.
BONNEVIALLE, André	Aix	1872.
*BOUILLAUT, Émile	Ch.	1855.
BONHOMMET, Louis	Ang.	1859.
BOULIER, Edm. L.	Aix	1873.
BONNAFOUS, Jules	»	1862.
BOURGOGNE, Jacques	Ang.	1830.
*BOSSU, Henry	»	1855.
BOUHIN, Jules	Ch.	1871.
*BOURDONNAY, Ernest	»	1870.
BOURDIOL, Hilaire	Aix	1850.
BONNET, Emmanuel	Ang.	1851.
BRAULT	»	1845.
BRARD, Jules	»	1867.
BRETAULT, Emile	»	1850.
*BRICAIRE, Jules	Ch.	1867.
BRIAU	Ang.	1829.
BROCOT, Narcisse	Ch.	1840.
*BROCCHI, Paul	Ang.	1871.
*BROCCHI, Maurice	»	1873.
BROSSÉ, Henry	»	1857.
BROSSÉ, Et.-Auguste	»	1855.
BROSSIER, J.-Ch	Ch.	1866.
BROUSSON, Louis	Aix	1872.
BROCARD	Aix	1865.
BRUNET, Jean	Ang.	1861.
BRU, Paul	Ch.	1878.
*BRUNOT, Achille	»	1857.
*BRUN, Paul	»	1879.
*BRUANT, Eugène	»	1855.
BRUNET, Modeste	»	1849.
BRUNNEAU, Ch	Ang.	1879.
BRUN	»	1870.
BRUNET, Honoré	Ch.	1851.
*BRUNON, Barthélemy	Aix	1855.
BRUNON, Claude	»	1854.
BRIET, Arthur	Ch.	1879.
BUISSON, Adolphe	»	1846.
*BULLAND, Lucien-J	»	1874.
BUNEROLLE, Constant	»	1871.
*BUAT, Desiré-Antoine	Ang.	1849.
BUJARD, Edmond	Aix	1871.
BUISSON, Adolphe	Ch.	1840.
*BUROT, L.-Alfred	Aix	1872.
*BULOT	Ang.	1852.
*BUCHETTI, Jacques	Aix	1856.
*CAHEN, Albert	Ch.	1866.
*CAHEN, Henri	»	1870.
CABIAGE, Félix	»	1858.
*CABANIS, J.-Aug.	»	1842.
*CACHELIÈVRE, Émile	Ang.	1858.
*CASALONGA	Aix	1856.
CARTIER, Jules	»	1848.
CARRIÉ, Casimir	»	1873.
*CAPÉLLE, E.-Gustave	Ch.	1849.
CAHEN, Nestor	»	1846.
CAVELLIER, Guillaume	Ang.	1863.
*CAMPION, Victorien	»	1849.
CARRIER, Charles	»	1869.
CABANIS, Gaston	Ch.	1870.
*CALABRE, Sébastien	»	1842.
*CARTERON, Eug.	Ang.	1861.
CARBONNE, Maxime	Aix	1862.
*CAMUS, Léon	Ang.	1861.
*CARRIÈRE, Honoré	Ch.	1864.
CANET		
CAHEN, Alph	Ch.	1870.
CANAL, L.-Achille	Aix	1868.
*CAUDRON, Léon-Louis	Ch.	1867.
CARBONE, Joseph	Aix	1852.
CARDEUR, Louis	Ch.	1861.
CAPLEN, Ernest	Ang.	1853.
*CATALA, Ch. Étienne	Ch.	1842.
*CASSE, Charles	»	1851.

*Cellerier, Aventin . . . . Aix 1865.
Chaudel, Auguste. . . . . Ch. 1846.
*Chambreuil, I. . . . . . . Aix 1874.
Chalande, François. . . . . » 1873.
*Chalas, Pierre . . . . . . » 1846.
Chansard, L.-Sylvain. . . Ang. 1873.
Charles, Jean. . . . . . . Aix 1859.
Charles, Em . . . . Ang. 1864.
Chabert, Eugène . . . . . Aix 1871.
*Chaussegros, J.-B. Aix et Ch. 1849.
Chardon. . . . . Ang. 1836.
Chauvé . . . . » 1837.
Chambaud, G . . . . Ch. 1867.
*Chaine, Joseph . . . . . . » 1849.
*Charles, Aug. J . . . . . Aix 1856.
Chatel, Henri. . . . . . . » 1861.
Chapuy. . . . . »
Charneau, Armand . . . . Ch. 1869.
*Chavanne, Antoine . . . . Ang. 1850.
Chamayou, Benjamin . . . Aix 1873.
*Chastagnol.. . . . . » 1862.
Chambeyron, Joannès. . . » 1869.
*Chatelain, Joseph . . . . Ch. 1859.
Chaput, Ernest . . . . . . Ang. 1851.
Chaufournier, Amédée . . Aix 1862.
*Chaussegros, Clément . . » 1860.
*Chaussegros, Étienne . . » 1863.
*Chenivesse, Linus. . . . . » 1867.
Chevallier, Edouard . . . Ch. 1856.
*Chevance, Albert . . . . . Ang. 1870.
Chevalier, Auguste. . . , Ch. 1862.
*Chérier, Arsène . . . . . » 1864.
*Chevallier, Ch . . . . . . Ang.
*Chirade, Armand . . . . . » 1851.
Chignac . . . . Aix 1864.
Choulet. . . . . Ch. 1850.
*Chomienne, Claudius . . . Aix 1863.
Chonè, Charles . . . . . . » 1873.
Chouanard, Émile . . . . Ch. 1879.
Choppy, J.-B. . . . . Ang. 1850.
*Choquet. . . . . » 1853.
*Chrétien . . . . » 1868.
Ciolino, Eug . . . . Ch. 1862.
Ciron, Constant . . . . . . Ang. 1853.
Citreux, Léon. . . . . . . » 1858.
Cipollina . . . . Aix 1868.
*Claudel, Ch . . . . Ch. 1837.
Clamens, J.-B. . . . . . . Aix 1856.
*Clayette, Ch. . . . . . . Ch. 1837.
Cody. . . . . » 1842.
Corbey, François . . . . . Ch. 1859.
Colas . . . . » 1865.
Coindet, P.-Alexandre . . » 1854.
Collignon, Édouard. . . . » 1848.
Cousin-Lalande, Auguste. Ang. 1840.
*Cohendet, Alex. . . . . . . Ch. 1865.
Cohue, Joseph . . . . . . Ang. 1860.
*Courtier, Louis. . . . . . Ch. 1860.
Coste, Philippe . . . . . . Aix 1852.
Conard, Victor . . . . . . » 1874.
*Conrard, Louis . . . . . . Ch. 1870.
*Commerçon. B. . . . . . . Aix 1867.
*Courteix . . . . Ang. 1855.
Colin, N.-Étienne. . . . . Ch. 1826.
Cornette, Clovis . . . . . » 1879.
Coumans, Aimé . . . . . .
Coffineau . . . . Ch. 1864.
Cordefin, Charles. . . . . Ang. 1872.
*Cochelin, Alfred . . . . . Ch. 1853.
*Copin, Nestor. . . . . . . » 1869.
Collet, Cyprien H . . . . Ang. 1871.
Coste, Casimir-Félicien. . Aix 1856.
*Coudert, Pierre-Victor . . Ang. 1872.
*Couillard, Édouard . . . » 1870.
Cologon, Alexandre. . . . » 1852.
Couffinhal, Paul . . . . . Aix 1862.
Cordebart, A . . . . Ang. 1877.
*Coquet, Adolphe . . . . . Aix 1859.
Couard, A. . . . . Ch. 1866.
Cochot, Hippolyte . . . . Ang. 1866.
Cornubert. . . . . Aix 1850.
Couronne . . . . » 1847.
Coursier, Paul . . . . . . Ang. 1856.
*Colombier, Pierre . . . . » 1866.
Colin, Léon. . . . . Ch. 1855.
*Coratte, Fernand. . . . . » 1876.
Coquillard, Eugène . . . » 1843.
Coger, Mathurin . . . . . Ang. 1862.
Colin, Auguste . . . . . . Ch. 1865.
*Coche, Lucien . . . . . . Aix 1866.
*Coderch, Jean. . . . . . . » 1850.
*Conseil, E. . . . . Ch. 1874.
Constant, Élie . . . . . . » 1865.
Coupiac, Frédéric. . . . . Aix 1859.
Crazot, L. . . . . Ch. 1849.
Crédo, Louis . . . . » 1876.
Crétin, Alfred . . . . . . Ang. 1855.
Crépet. . . . . Aix 1872.
Crépel, L. . . . . Ch. 1874.
Croquefer, Charles . . . . Ang. 1851.

Crosnier	Ch.	1875.
Crouzet, Félix-César	»	1852.
Crouzat, J.-Gabriel	»	1844.
Croharé	Aix	1876.
Cruxel, Émile	Ch.	1858.
Cuvillier, Julien	»	1862.
*Curie, Pierre	»	1848.
*Cuau, Hippolyte	Ang.	1849.
*Cuitot, Ludovic	Ch.	1860.
Dartiguelongue, Amé	Ang.	1867.
Darraspen, Henri	»	1879.
*Darnay, Adolphe	Ch.	1857.
Dainville	Ang.	1841.
Dauban, Jules	»	1842.
*David, Théophile	Ch.	1850.
*Daydé, Henri	»	1866.
*Dauriat, Mathurin	Ang.	1843.
*Daste, Jean	Aix	1865.
*Dardel, A.	Ch.	1859.
Dalbrut, Jérôme	Ang.	1842.
Dalido, Honoré	»	1866.
Dandurand	»	1849.
*Dague, Arthur	Ch.	1879.
*Daguin, Eugène	»	1868.
*David, Ernest	Ang.	1862.
*Daubois, Léon	Ch.	1870.
*Dantier, Alfred	Ang.	1862.
*Danne, Georges	Aix	1871.
Damoizeau, Jules	Ang.	1855.
Delerin, J.-François	»	1860.
Delpy, François	Aix.	1857.
*Delaporte, Georges	Ang.	1869.
Debeau, G.	Aix	1872.
*Delmon, Daniel	Ang.	1840.
Denize, Auguste	»	1872.
Deflassieux, Joseph	Aix	1876.
*Devillard, François	Ch.	1849.
Delattre, Auguste	»	1879.
*Devilder, Julien	»	1851.
Delannoy, François-A.	»	1845.
Déries	Aix	1847.
Descottes, Édouard	Ch.	1874.
Delmas	Aix	1855.
Devoille, Paul-Louis	Ch.	1866.
Delagneau, Amédée	Ang.	1872.
*Desfrançois, L.-Georges	Ch.	1870.
Desmarets, Charles	»	1860.
*Denaes, Albert	»	1879.
Dehotte, Achille	Ch.	1866.
*Delaloe, Léon	Ang.	1858.
Delerm, J.-François	Ang.	1860.
Deroualle, Victor	»	1850.
*Demoulin, Victor-Joseph	Aix	1855.
Dechampeine, Jules	Ang.	1864.
*Desarces, Paul	»	1869.
Decker, Michel	Ch.	1875.
Derré, Léonard	Aix	1869.
Delprieu, F.	Ch.	1842.
Dennery	»	1849.
Delattre, César	»	1864.
Deloule	Aix	1847.
Desgrange, Hubert	Ang.	1836.
*Dejey, Joanny	Aix	1863.
Deny, Édouard	Ch.	1862.
*Desgrandchamps	Ang.	1855.
Delmas, Azéma-G	Aix.	1858.
Decour, Charles	Ang.	1870.
*Denoc, Henri	»	1854.
Devant, Octave	Ch.	1879.
Demenge, Alphonse	»	1862.
*Delinières, Élie	Ang.	1848.
Descarpenterie, Louis	Ch.	1870.
Decourt, Ernest	Ang.	1869.
*DecouduN, Jules	»	1863.
*Debié, E.	Ch.	1848.
*Defradat, Hippolyte	Aix	1868.
Denis, Anatole	Ch.	1867.
*Dietz, David	»	1845.
Dietsch, Frédéric	»	1851.
Dillon, Jules	»	1863.
Dionot, Henri	Aix	1872.
*Dietz, Alphonse	Ch.	1837.
Doucet, Prosper	Ang.	1869.
*Donnay, Félix	»	1850.
Doat, Henri	Aix	1863.
*Dombret, Victor	Ch.	1847.
Doering, Paul	»	1879.
Doyen, Charles	»	1849.
Doumenq, Alexis	Aix	1850.
Douvier, Joseph-C.	Ch.	1857.
*Doublet, Jules	»	1871.
*Douchain, Ch.	»	1855.
*Douvier, Lucien	»	1855.
*Dodement, Constant	»	1866.
*Douau, Maximilien	»	1870.
*Drost, Jacques	Aix	1864.
*Durenne aîné	Ang.	1838.
Durenne, Antoine	»	1840.
*Dumont, Louis	Ch.	1853.
*Duffau, Jean	Ang.	1857.

Nom	École	Année
Dumontant, Louis	Ch.	1865.
Dubois, Julien	Aix	1860.
Durot, Gustave	Ch.	1873.
Dulos	Ang.	1837.
Duval, Nicolas	Ch.	1872.
Dubar, Pierre	Aix	1853.
Dubosclard, Victor	Ang.	1863.
*Dusuzeau, Olivier	Aix	1857.
Dureau	Ch.	1831.
Durand, Olivier	Ang.	1870.
Durot, Paul-Henri	»	1874.
Dufès, Léon	Aix	1862.
Dumon, Michel	Ang.	1863.
Durandeau	»	1849.
Dupont, Ludovic	»	1866.
Dutro, Hippolyte	Ch.	1850.
Duvivier, Pierre-Victor	»	1854.
*Dugué, Gustave	Ang.	18.9.
Dupy, Laurent	Aix	1876.
Duveaux	Ang.	1875.
Dutheil, Eugène	Ch.	1847.
Dubon, Jean-Pierre	»	1858.
*Duchemin, Armand	»	1878.
Dupire, Virgile-Albert	»	1874.
Dupin, Louis	»	1827.
*Ducomet, J.	Ang.	1857.
*Dufour	Ch.	1837.
*Dufour, J.-B.	Ang.	1832.
Duchêne, Eugène	»	1865.
Duvernay, François	Aix	1854.
Duchemin, Ferdinand	Ch.	1861.
Eaud, Henri	Aix	1865.
*Esquerré, François	Ang.	1861.
Estève	Ch.	1878.
*Espinasse, J.-B.	Aix	1873.
Evrat	Ch.	1858.
Fafeur, Jean-Xavier	Aix	1872.
Falguerolles	»	1846.
Faurel, Jean-Baptiste	»	1866.
Fayot, Louis	»	1877.
Faye, Jean	»	1847.
Fauquier, Pierre-Marius	»	1871.
*Faure, Théodore-Antoine	Ang.	1849.
Favrot, Charles-Antoine	Ch.	1827.
Fèbre	Aix	1873.
Feuillebois, Louis	Ch.	1866.
Ferry, Charles	»	1850.
Félix, Léon	Ang.	1875.
Février	Ang.	1869.
Ferry, Edmond-François	Ch.	1861.
*Ferron, Alexandre	Ang.	1857.
Firniss, Eugène	Ch.	1853.
Flachet, Arthur	Ang.	1874.
Flamarion, L-Alfred	Ch.	1851.
Fleuriot, Prosper	»	1878.
Florence, Eugène	»	1864.
Flotat, A.	»	1858.
Fontaine, Ernest	»	1847.
Fourniol, Jacques	Aix	1872.
Fouquet, Victor	Ch.	1877.
*Fort, Étienne	»	1866.
Forsant, Pierre	Ang.	1872.
Forest		
Fournier, Adolphe	Aix	1853.
*Fonquernie, Éloi-Pierre	»	1866.
Foulard, Edmond-T	Ang.	1869.
Fournier, J.	Ch.	1873.
Foucault, Jules	Ang.	1858.
*Fontaine, Henri	Ch.	1866.
Fourrier, Alfred	Ch.	1879.
*Fourault, Louis	»	1857.
*Fournigault, Léon	»	1835.
Fougerol, Jean	Ang.	1870.
Frayces, Simon	Ch.	1846.
François, Jean	»	1862.
François, Émile	Ang.	1842.
Franc, Alexandre-Victor	Ch.	1840.
Frémiot, Edmond	»	1863.
Frémont, Léon	»	1862.
Freyssenge, Léon	Ang.	1864.
*Friderich, Edmond	»	1845.
Froelich, Ch.-Jean	Ch.	1858.
*Fueno, Édouard	»	1843.
Fyot	»	1877.
*Gaillot, Frédéric	Ang.	1864.
Gard, Joseph	Ch.	1870.
Gagnière, Pierre	»	1858.
Gateau, Jules	»	1855.
Gautier, Frédéric	Ang.	1845.
Gautier Frédéric, fils	»	1879.
Gaulier, Benjamin	»	1855.
*Garcenot, Auguste	Ch.	1860.
*Gandillon, A.-Philippe	»	1873.
Gautier, Alexandre	Ang.	1849.
*Gaulliard, Henri	Ch.	1870.
Gauthier, A.	Ang.	1867.
*Gaspa, Paul	Aix	1870.
Gaertner, Antoine-Éd.	Ch.	1842.
Gayda, Jean	Aix	1855.
*Gaudineau, Louis	Ang.	1844.

Nom		
GARIN, Edmond	Ch.	1867.
GARRY, Alfred	Ang.	1865.
GARIN, Claudius	Aix	1867.
GASTIN, J.	Ch.	1861.
GASCOUGNOLLE	»	1859.
*GAGET, J.-B.	»	1839.
GAUSSOT, Aimé	»	1857.
GARAT	Ang.	1847.
GAUVRIT, Achille-François	Ch.	1841.
GAUNE, Joseph	Aix	1854.
*GARNIER, Jean	Ang.	1852.
GALOPIN, Auguste	Ch.	1860.
*GALLOIS, Léon	»	1850.
GALTIER, Louis	Aix	1856.
GAUTHIER, Léon	Ang.	1871.
GAUTIER, Édouard	»	1867.
GADOT, Paul	Ch.	1867.
GAUSSON, Alfred	Ch.	1878.
GARDE, Pierre	Aix	1877.
*GÉRUZET, Eugène	Ang.	1868.
GENTY, Claudius	Aix	1874.
*GERMAIN-DUFORESTEL	Ang.	1849.
GERMAIN, Albert-J.-B.	»	1878.
GÉRIN, J.-Angélique	Ch.	1838.
GEORGE, Henri	»	1854.
GESLIN, Édouard	Ang.	1878.
GEORGES, Jules	Ch.	1863.
*GENY, Félix	»	1850.
*GENAILLE, Henri	»	1875.
GERBOUIN, Théophile	Ang.	1852.
*GIRE, Clément	Ch.	1859.
GIACOMONI, François	Aix	1868.
GILBERT, Albert	Ang.	1869.
*GILLET, Alfred	»	1855.
GILLET-VITAL, Théodore	»	1840.
*GILLÈS, Edmond	Ch.	1868.
*GIRON, Eugène	»	1866.
*GIRARD, A.	»	1862.
GIFFO, Ernuld	Ang.	1870.
GIL, François-Eugène	Aix	1869.
*GIRARD, Armand	Ch.	1852.
GIRON, Louis	»	1852.
GIOT, Charles	»	1879.
*GIGNON, Eugène	»	1838.
GIBAULT, Charles	Ang.	1863.
GIROU, Lucien	»	1868.
GILQUIN, Paul	»	
GIVAUDAN	Aix	1861.
GILBERT, Jules	Ang.	1866.
*GIBAULT, Eugène	»	1854.

Nom		
*GIESSEN, Albert	Ch.	1862.
GLORIA, Gaston	Ch.	1867.
*GOUPILLON, Jules-Désiré	Ang.	1855.
*GOGUIN, Louis	Ch.	1860.
*GODOT, Jules-Jean	Ang.	1871.
GODET, Louis	»	1871.
GOURDON, Émile	Aix	1866.
GOMBERT Henri	»	1850.
GOUPIL, Alexandre	Ch.	1862.
GONSE, Léon	Aix	1871.
*GOUGÉ, Auguste	Ang.	1867.
GOUJON, Léon	»	1863.
GOUGET, Hippolyte	»	1840.
GODARD, Émile	»	1867.
GOURP, Jules	Aix	1875.
GOSSET, Auguste	Ch.	1879.
GOUBET, Désiré-Joseph	»	1832.
*GOUMET, François	Ang.	1851.
GOUVERNE, J.-B.	Ch.	1842.
GODEAU, Frédéric	Ang.	1854.
GRANE, Charles	Aix	1871.
GRANDIÈRE, Hippolyte	Ang.	1855.
GRAINDOR, Hippolyte-Fl.	Ch.	1849.
GRAILLOT, Léonard	»	1860.
*GRANDDEMANGE, Camille	»	1863.
GRÉGOIRE, Louis	Aix	1848.
GRENIER, Jean-Baptiste	»	1863.
*GRILLE, Jules	Ch.	1853.
*GRIMAUD, François	Aix	1859.
*GRILLON, Émile	Ang.	1858.
*GRIGNÉ, Jules	»	1867.
*GRIGNÉ, Alphonse	»	1865.
*GRUNFELDER, Eugène	Ch.	1874.
*GUETTIER, André	»	1835.
*GUENEZ, Jules	»	1862.
GUEIT, Victor	Aix	1857.
GUÉRARD, Auguste	Ang.	1854.
GUÉDON, J.	»	1873.
*GUENET, Alphonse	»	1858.
GUELORGET, Joseph-Alph.	Ch.	1878.
GUINOISEAU, François	Ang.	1870.
*GUINIER, Jacques	Ch.	1830.
GUIGON, Gabriel	Aix	1859.
GUILLOMOT, Pierre	Ch.	1859.
GUINIER, Nicolas	»	1841.
GUIGON, Éloi, Bey	Aix	1862.
*GUILLAUME, E.-Ch.-Fr.	Ch.	1871.
*GUILLON, Louis	Ang.	1862.
GUITTON, aîné	Ang.	1864.
GUITTON, jeune	»	1873.

Nom		
Guilloteaux, Édouard	Ch.	1858.
Guilleux, Charles	Ang.	1847.
Guilleminot, Jean	»	1879.
Guillemin, Pierre-É.	Ch.	1835.
Guitard, E.-Jean	Ang.	1868.
Guillemin, Amédée	Ch.	1875.
Guinet, Pierre	Aix	1864.
*Guitel, Émile	Ch.	1872.
Guillery, Joseph	»	1855.
*Hacquard, Émile	»	1859.
Harel, Ad.	»	1837.
*Haranbourf, J.-Paul	Ang.	1872.
*Harty, Louis	Ch.	1846.
Harsaguet, Jules	Ang.	1859.
Hamaide, Jean	Ch.	1879.
Hays, Jules	Ang.	1850.
Hazart, Jules	Ch.	1863.
*Haillot, Isidore	»	1858.
*Hardouin, Émile	»	1840.
Herrgott, Louis	»	1841.
*Herbet, Louis	»	1856.
Hertzog, Gustave	»	1864.
Hermant, F.	»	1843.
Henry, Louis	Ang.	1862.
Heim, Benjamin	Ch.	1842.
*Herbemont, Eugène	»	1872.
Hébert, Félix	»	1851.
Heurteloup, Armand	Ang.	1869.
Henry, Léon-Charles	»	1875.
Heuzé, Hippolyte	»	1840.
Heurtebise, Émile	»	1864.
Herbster, Ch.	Ch.	1849.
Helffer	Ang.	1877.
*Heyring, Charles	Ch.	1847.
*Herger, Camille	»	1874.
*Hédeline, Paul	Ang.	1872.
Hédeline, Alfred	Ch.	1876.
Heintz, Charles	»	1878.
*Hitier, Jules	»	1867.
Hignette, Jules	Ang.	1863.
Houbigant, Octave	»	1856.
Hoh, Daniel	Ch.	1859.
Honnoré, Jean-Baptiste	Aix	1876.
Hornstein	Ch.	1856.
Houlet	»	1865.
Houter, François-Jules	»	1867.
Housset	»	1861.
*Hortsmann, Charles	»	1844.
Hoffmann, Charles		
Holfeld, Frédéric	Ang.	1861.

Nom		
Houry, A.	Ang.	1867.
Huber, Louis	Ch.	1867.
Hug, Joseph	»	1845.
*Hug, Paul-Joseph	Aix	1876.
Hudry, Paul-Alexis	»	1867.
Hugot, Charles-Jacques	Ch.	1853.
Hugon, Albert	»	1874.
Huet, Camille	Ang.	1864.
Huet, Achille-Philippe	Ch.	1849.
Hunebelle, Jules	»	1838.
Hunebelle, Édouard	»	1845.
Hubert, Adolphe	»	1852.
*Hyver, Raval	»	1855.
Isman, Edmond	Ch.	1878.
Imbert, Agamemnon	Aix	1853.
Ignard, Joseph	Ch.	1861.
*Imbert, Charles	Aix	1865.
*Janson, Adrien	Ang.	1859.
Jaussand, J.-Aug.	Aix	1870.
Jausserau	»	1874.
Jalla	»	1874.
Janné	Ch.	1876.
Jacquard, J.-Marcelin	»	1845.
Jardon, Dominique	Aix	1869.
*Jacquinet, Édouard	Ch.	1850.
*Jaunet, Léon	»	1858.
Jamet, Désiré	Ang.	1874
Jaspard, Alphonse	Ch.	1868.
Jeaunin, Félix	»	1869.
Jeannin, Hippolyte	Aix	1858.
Jouanest, Victor-Louis	Ch.	1871.
*Josserand, François	Ang.	1849.
Jolivet, Hippolyte	»	1851.
Joly, Sigisbert	Ch.	1875.
Josse, Paul	Ang.	1873.
Jouffray, Jean	Ch.	1830.
Jourdès, Henri	Aix	1856.
*Joly, Charles	Ch.	1866.
Jolly, César		
Jossin, Stanislas	Ang.	1853.
Joachim, Paul-Louis	Ch.	1871.
*Jouvet, Ernest-Adolphe	»	1856.
Jourdan, Gabriel	Aix	1872.
*Joubert, Louis	Ch.	1864.
*Joannis, Ch.	»	1862.
Jordan, Eugène	Aix	1863.
*Jubeau, Henri	Ang.	1861.
*Jullien, René-Frédéric	Ch.	1863.
Jubin, Auguste-Jean	Ang.	1825.
Julien, Jules-Roch		

Julien	Aix	1873.
Jullien, Anatole	Ch.	1855.
*Karl, Georges	»	1844.
Kaulek, fils	Ang.	1855.
Kermarec, Ch.-Th.	»	1827.
Kesler, Jean	»	1850.
*Kleindienst, Joseph	Ch.	1878.
Koth, Charles	»	1853.
Kretzschmar, Jean	»	1879.
Lavieille, Albert	Ang.	1860.
*Lanier, Georges-Gabriel	»	1860.
Langlois, Edme-Hip.	»	1851.
Laïssac, Jacques	Ch.	1841.
Lanchon, Alexis	Ang.	1868.
Lavison, Émile	Aix	1868.
Laugier, Pierre	»	1848.
Lalis, Léon-Fernand	Ch.	1878.
*Laborie, Gustave	Ang.	1876.
Laurent, Marius	Aix	1872.
*Laurent, Roger	Ang.	1847.
*Lallement, Albert	Ch.	1868.
Labeyrie, Léon	Ang.	1854.
*Laboisne, Jean	»	1857.
*Laboulais, Alfred	»	1850.
Lavison, Henri	Aix	1876.
*Lassia, Ulysse	»	1860.
Lacroix, Gédéon	Ch.	1864.
Lavo, Auguste	Ang.	1847.
Ladret, Eugène	Ch.	1870.
*Langlois, Léon	Ang.	1866.
Lachaise	»	1856.
Lantrac, Eugène-Adolphe	»	1857.
Laclède, Louis	Aix	1878.
Laffitte, Joseph-Casimir	Ang.	1857.
Lacaste, Jules	Ch.	1876.
*Lamoureux, Jules	»	1862.
Latrasse, Em.-Adolphe	Aix	1863.
*de Lavalette, Tancrède	Ang.	1855.
*Lamarre, Pierre	Ch.	1852.
Lacour, Arist.-Hon.	Ang.	1840.
Latour, Th.	Aix	1865.
*Lacroix, Léon	Ch.	1871.
Lanet, Joseph	Aix	1851.
Lamé, Léopold	Ch.	1867.
Labrely	Aix	1875.
*de Laval, J. Saumay	Ch.	1879.
Langlet, Charles	»	1869.
*Lafond, Benjamin	Aix	1848.
*Laroudie, Léon	Ang.	1858.
Landry, Hippolyte	»	1840.
Lallement, Ernest	Ch.	1868.
Labeyrie, Adolphe	Ang.	1853.
*Laurent, Jean	Aix	1853.
Langonet	Ch.	1852.
*Laurent, Léon	Ch.	1870.
*Latour, Elmire	»	1875.
*Lasmesase, Émile	»	1843.
Lalevée, Georges	»	1877.
*Lafon, Jean	Ang.	1846.
Laburthe, Célestin	»	1876.
*Lacour, Gustave	»	1853.
Lacube, Sylvain	Ch.	1864.
Laédérick, Jean	»	1855.
Larreveux, Arthur	»	1865.
Landry, Paul	Ang.	1878.
*Lafon, Hippolyte	Aix	1850.
*Léon, Antoine	»	1846.
*Létuvée, Auguste	Ch.	1866.
Lebœuf, Paul-Louis	Ang.	1867.
*Leroide, Georges	»	1863.
*Legat, Désiré	Ch.	1856.
*Lelarge, Louis-Victor	Ang.	1846.
Letondal, Charles	Aix	1863.
*Léon, Auguste	»	1870.
*Le Doussal, Math.-Noël	Ang.	1869.
Lemaire, Victor	Ch.	1862.
Le Ménicier	Ang.	1868.
*Le Brun, Louis-Gabriel	»	1842.
*Leroux, Jules	Ch.	1874.
Lecocq, Édouard	»	1865.
Lèbre, Jean-Baptiste	Aix	1852.
*Leclerc, Alexis	Ch.	1872.
Lemaire, Paul Albert	»	1851.
Lepointe, Ferdinand	»	1870.
*Léon, Louis	»	1874.
Lecomte	Ang.	1879.
Lepointre, Paul-Auguste	»	1878.
Lefèvre, Jules	Ch.	1879.
Lemoine, Martial	Ang.	1864.
*Léonard	Ch.	1869.
Leroux, Gustave	Ang.	1846.
*Lemoine, Brice	Ch.	1854.
Lepaulle	»	1850.
Lecomte	Ang.	1871.
Lescure	Aix	1877.
Ledaillac	»	1856.
*Leloup, Auguste	Ang.	1851.
Levéjac, Émile	Aix	1863.
*Lehéricy, Arsène	Ch.	1861
Levat, J.-P.	»	1835.

Le Gouez, Julien . . . . . Ang. 1870.
Lemoine, Aristide . . . . . Ang. 1857.
*Lestrade, Aimé-Joseph . . » 1844.
*Leclère, Célestin . . . . . Ch. 1847.
*Leclair, Gustave . . . . . » 1847.
*Lefrançois, Antoine, fils . Aix 1871.
*Lefrançois, J.-Léon . . . . Ch. 1839.
*Lecot, Camille . . . . . . » 1876.
Lecq, Alphonse . . . . . . » 1880.
*Levillain, Ch. Eugène . . » 1865.
*Leroy, Charles . . . . . . » 1873.
Lemoine, Charles . . . . . » 1876.
Léguillon, Charles . . . . » 1842.
Lelièvre, Charles. . . . . » 1867.
Lecomte, Pierre. . . . . . Ang. 1870.
*Lerefait, Charles. . . . . » 1872.
Lenoir, Paul . . . . » 1864.
*Le Bail, François . . . . . » 1864.
Lévêque, Gaston . . . . . Ch. 1879.
Leprince, Alexandre . . . Ang. 1853.
Lelarge, Paul. . . . . . . » 1834.
L'Houé, Victor-Charles . .
L'Homme, Antoine. . . . . Ch. 1863.
L'Huillier-Manin, J.-B. . Aix 1866.
*Linard, Désiré. . . . . . Ch. 1859.
Limet, Lucien. . . . . . . » 1855.
*Liet, J.-Paul . . . . Ang. 1870.
Linard, Jules . . . . Ch. 1850.
Liautaud, François . . . . Aix 1857.
Lionnet, Charles . . . . . Ang. 1847.
*Liné, Victor. . . . . Ch. 1866.
Lombard, Louis . . . . . . Aix 1846.
*Loiseau, A. . . . . Ch. 1856.
Lomont, Charles. . . . . . » 1866.
Lobot de la Barre . . . . » 1846.
Louet, Alphonse . . . . . » 1847.
*Lobjois, Édouard . . . . . » 1861.
*Loche, Émile . . . . » 1876.
Loilier, Charles. . . . . . » 1849.
Lobstein, Jean . . . . . . » 1850.
*Lucas, Ch.-Victor . . . . . » 1868.
Ludwig, Edouard . . . . . » 1867.
*Lehecq, Maurice . . . . . » 1854.
*Martin, Louis. . . . . . . » 1840.
*Mathieux, Hippolyte-H. . » 1858.
*Mathelin, Lucien. . . . . » 1858.
*Mailliet, Eugène. . . . . Ang. 1858.
*Marchal, François . . . . Ch. 1840.
Marie, Charles . . . . . . Ang. 1855.
Maucher, Léonard . . . . » 1852.

Marotte, Alfred . . . . . Ch. 1852
Massarel, Paul . . . . . . Aix 1840.
Matignon, Léon . . . . . . » 1852.
Massicard, Émile . . . . . Ang. 1860.
Macherez, Alfred . . . . . Ch. 1861.
Mary . . . . » 1820.
Maugars, Émile. . . . . . Ang. 1868.
Mathelin, Édouard-J. . . Ch. 1846.
Mayou, Godefroy . . . . . Ang. 1879.
Marzari, Charles . . . . . Ch. 1864.
*Marchant, Eugène . . . . » 1862.
Martin, Gustave . . . . . » 1853.
*Massé, A. . . . . Ang. 1847.
Maréchal, Alfred. . . . . Ch. 1841.
Martin, Pierre-Auguste . Aix 1862.
Massière, Ernest-Honoré . » 1876.
Martzloff. . . . . » 1874.
Maubert, Louis. . . . . . » 1865.
Marié, Jules. . . . . Ang. 1861.
Maridet, Joseph . . . . . Aix 1864.
Marien, Antoine. . . . . . Ang. 1875.
Matricon, Joseph. . . . . Aix 1865.
Maréchaux, Arthur-Jules. Ang. 1874.
Marin, J.-Eugène. . . . . Ch. 1878.
Maure, Louis . . . . Aix 1847.
*Manet, Charles. . . . . . Ch. 1863.
Mairesse, Calixte-André . » 1871.
Martel, Louis. . . . . . . » 1841.
Mauget, Aristide . . . . . Ang. 1844.
Martin, Arthur. . . . . . Ch. 1874.
Marc, Bernard . . . . . . Aix 1870.
Massin, Pierre . . . . . . » 1858.
Marchesseaux, Pierre . . Ch. 1832.
Maille . . . . » 1869.
Matenet, Louis . . . . . . » 1850.
Madamet, Augustin. . . . Ang. 1856.
May, Victor. . . . . » 1855.
Maris, E.-Louis. . . . . . » 1873.
Marin, Henri . . . . Aix 1854.
*Martin, Alexandre-Jules . » 1876.
Marchal, J.-V. . . . . . . Ch. 1856.
Marlin, Charles. . . . . . Ang. 1875.
*Maumont, Firmin. . . . . Aix 1869.
*Maire, Charles . . . . . . Ch. 1865.
Mary, Edmond . . . . . . » 1878.
Marin, Auguste. . . . . . » 1876.
Martin-Reinert, Jules . . Ang. 1867.
Matrot, Nicolas. . . . . . Ch. 1874.
Marchal, Julien . . . . . Ch. 1873.
Malicet, Paul. . . . . . . Ang. 1879.

*Massière, Magloire . . . . Aix 1874.
*Maugin, Victor . . . . . . Ang. 1855.
*Martin, Léon-Édouard . . » 1875.
*Masson, Edmond . . . . . Ch. 1873.
Mercier, Gustave. . . . . Ang. 1857.
Mesureur, Jules. . . . . . Ch. 1853.
Ménélon, Eugène. . . . . » 1860.
Mercey, Auguste . . . . . » 1847.
*Mesnard, Auguste. . . . . Ang. 1844.
Mercier, Léon-Alphonse . Ch. 1851.
Ménand, François-Th . . . Ang. 1867.
Meslin, Alexandre . . . .
Ménager, Adolphe. . . . .
Messager, Auguste . . . . Ang. 1850.
*Mélin, Eugène . . . . . . » 1858.
Merle, Edmond. . . . . . Ch. 1872.
Mégy, Gustave . . . . . . Aix 1854.
*Mettey, Louis. . . . . . . Ch. 1858.
Méra . . . . Aix 1850.
*Messager, Gabriel . . . . Ch. 1844.
Méchin, Pierre . . . . . . Ang. 1843.
Melay, André . . . . Aix 1870.
Melon, Pierre. . . . . . . Ang. 1856.
*Ménétrier, Louis . . . . . Ch. 1859.
Ménard, Félix. . . . . . . Ang. 1853.
Meunier, Emmanuel . . . Ch. 1863.
*Mignon, Java . . . . Ang. 1843.
Mingaud, Paul . . . . . . Ch. 1845.
Michel, Claude . . . . . . Aix 1868.
Milan, Ch.-Albert. . . . . Ch. 1879.
Mignot, J.-Adolphe . . . . Ang. 1866.
*Michon, Eugène-Edmond. Ch. 1842.
*Milsan, Ludovic. . . . . . Ang. 1857.
Mirabel, Barthélemy. . . » 1857.
Michel, Louis. . . . . . . Aix 1853.
*Michelet, Charles . . . . Ch. 1839.
Michot, Édouard . . . . . » 1858.
Michot, Léonce. . . . . . » 1863.
Michel, Jules. . . . . . . »
Millerot, Élie . . . . . . » 1875.
*Monnier, Louis . . . . . . Ang. 1866.
Monteil, Léon . . . . . . Aix 1853.
Moine . . . . Ang. 1865.
Morel, Frédéric . . . . . Ch. 1834.
Moumont, G. . . . . Aix 1873.
Motet, L. . . . . Ang. 1853.
Moreaux, Pierre-Félix . . Ch. 1846.
Monnot, Victor . . . . . . Aix 1865.
*Moignet, Clovis. . . . . . Ch. 1869.
Moulet, Albert . . . . . . » 1875.

Monseran, Pierre . . . . . Ang. 1855.
Montigny, Joseph . . . . . Ang. 1852.
*Montupet, Antonin . . . . » 1869.
Mozet, Hippolyte-Ch. . . Ch. 1843.
Moulin. . . . . » 1866.
Molé, Anatole. . . . . . . » 1868.
Morin . . . . Ang. 1870.
*Morand, Léon . . . . » 1852.
Morin, Alphonse . . . . . » 1861.
Monnier, Émile. . . . . . Ch. 1847.
Mouret, Auguste . . . . . » 1842.
*Moreau, Napoléon. . . . . » 1862.
Montagne, Ernest. . . . . « 1869.
Moreau, Isidore. . . . . . Aix 1862.
Morel, Désiré . . . . . . Ch. 1837.
*Moineau, Henri. . . . . . » 1868.
*Morel, Célestin. . . . . . » 1874.
Morpain, Jules . . . . . . Ang. 1869.
Moreau, Frédéric. . . . . Ch. 1868.
Mottet, Henri. . . . . . . Aix 1868.
Monneins, Antoine . . . . Ang. 1849.
Mouchel, Charles. . . . . Ch. 1862.
*Monneret . . . . » 1869.
*Montel, Louis . . . . . . Ang. 1869.
Mura, Camille. . . . . . . Ch. 1874.
Muraire, Honoré . . . . . Aix 1851.
Navellier . . . . Ch. 1879.
Navet, Armand . . . . . . Ang. 1872.
*Nassivet, Pierre. . . . . . » 1851.
Nassivet, fils . . . . » Élève.
*Néel, Louis. . . . . Aix 1865.
Netter, Léon . . . . Ch. 1848.
Nicolai . . . . » 1858.
Nicolas, Honoré. . . . . . Aix 1864.
*Noblet, Eugène . . . . . Ch. 1867.
Noblot, Émile . . . . . . » 1866.
Noguet . . . . Ang. 1838.
*Nonnotte, Arsène. . . . . Ch. 1848.
*Norot, Édouard. . . . . . Aix 1863.
Nourry, Léon. . . . . . . Ang. 1867.
Noyer, Paul . . . . Aix 1873.
*Oberlin, Émile . . . . . . Ch. 1868.
Ohl, Jules-Marcel . . . . » 1841.
*Ojam, Ovide-Faustine. . . Ang. 1869.
Olivier, Jean . . . . Ch. 1851.
Olive, André . . . . Aix 1858.
Olin, Frédéric-Justin. . . » 1861.
Ollivier, Ausile . . . . . Ch. 1841.
Ossola, César . . . . Aix 1868.
Oury, Émile . . . . Ch. 1862.

*Olivier, Victor	Aix	1874.
*Orsatti, Camille	Aix	1852.
Oudebert, Anselme	Ang.	1855.
Parpaite, Paul	Ch.	1868.
Pantz, Ernest	»	1875.
Paulus, Ch	»	1863.
Paris dit Parry, Prosper	Ang.	1855.
Paris, Antonin	Ch.	1868.
*Paquet, Jules-Félix	»	1869.
*Parrot, Joseph-Adrien	Ang.	1867.
Parent, Louis	Ch.	1865.
*Patyne, Émile-Nicolas	»	1864.
Pasche	Aix	1872.
Payet, Joseph	Ch.	1858.
*Pascal, R.-Georges	»	1849.
Parent, Georges	Ang.	1869.
Parvé, Alfred	Ch.	1858.
Paris, André	Aix	1867.
Payan	»	1858.
Page	»	1851.
Parche père	Ch.	1843.
Pascal, Casimir	Aix	1858.
Pacault	Ang.	1853.
*Parent, Henri	Ch.	1869.
Payonne, Jules	»	1856.
Pauthion, Félix	Ang.	1871.
Peignot, Louis	Ch.	1838.
Perrochaux, Anatole	Ang.	1864.
Petot, Bernard	Ch.	1864.
Péters fils, Victor	»	1862.
Pérot, Junius	»	1823.
Pécheur, Frédéric	Ang.	1850.
Peltier	Ch.	1868.
Perrin	Aix	1850.
Péguin, Jacques	»	1863.
Pérès, Georges	Ang.	1875.
Pers, Léon	»	1872.
*Peneaud, Auguste	»	1867.
Pellet, Charles	Aix	1868.
Pellet, Alexis	»	1865.
*Petin, Hippolyte	Ch.	1833.
Peley, Lazare	Aix	1848.
Perrenot, Henri	Ch.	1875.
Perreau, Léonard	»	1851.
Perrier, Louis-Charles	Aix	1864.
Personne, J.-B.	»	1868.
*Peignot, Gustave	Ch.	1858.
Peltier, Émile	Ang.	1842.
Petit, Édouard	»	1872.
Pellet, Jean-Baptiste	Aix	1855.

Perrot, Eugène	Ang.	1867.
Péron, Jules	Ch.	1861.
Pécheur, Édouard	»	1858.
Peyret	Aix	1850.
Philippe, Achille	»	1860.
Philippe, Alfred	Ch.	1869.
Pierre, Jean-Marie	Ang.	1850.
Picard, E.	Ch.	1867.
Pilven, Jean-Marie	Ang.	1878.
*Pierrard, Joseph-Émile	Ch.	1855.
Piques, Alphonse	»	1871.
Piquet	Aix	1873.
Pipien, Jean-Gustave	»	1870.
*Pillé, Auguste	Ch.	1867.
Pigé, Louis	Ang.	1843.
*Piron, Alexandre-A.	»	1871.
Pinte, E.	Ch.	1868.
Piernetz, Charles	»	1865.
*Plagnes, Pascal	Aix	1859.
Plain, Camille	Ch.	1875.
Plissonnier	Aix	1867.
*Poulot, Denis	Ch.	1849.
Poupard, Léon	Ang.	1847.
Poidatz, Alfred	»	1876.
Porcherot, Eugène	Ch.	1844.
Porchet, Léon	Ang.	1874.
Porte, François-Joseph	Ch.	1874.
*Pottier, Alexandre	Ang.	1846.
Poirier, Auguste	»	1871.
Ponsard, Auguste	Ch.	1841.
Poupard, Charles	Ang.	1846.
Pons	Ch.	1865.
*Potaux, Romain	»	1852.
Poix, Frédéric-Émile	Aix	1871.
Polfin, Alphonse	Ch.	1853.
Pocheron, Edmond	»	1872.
Pocheron, Gustave	»	1876.
*Poulain, Raymond	»	1879.
*Poitevin, Amédée	Ang.	1861.
Pottel, Charles	»	1870.
Poirier, Arthur	Ch.	1864.
Poulangeon, Jacques	Aix	1870.
Pommier, Émile	Ang.	1873.
Prade, Charles	»	1864.
Pradel, Gabriel	Aix	1869.
Pradel, François	Ang.	1844.
*Pradel, Léon	Aix	1870.
Praly, Prosper	Ch.	1853.
Preisach, Ed.	»	1878.
Pretceille	Ang.	1848.

Privat, Théophile . . . . Ang. 1866.
*Prothais, Eugène . . . . . Ch. 1870.
Proveux, Alph.-Louis . . . » 1849.
*Proveux, J.-Joseph . . . . » 1847.
Proux, Aristide . . . . . . Ang. 1855.
Prud'homme, Alexandre . . Ch. 1860.
Prudan, J.-M. . . . . Aix 1854.
Puech, Léon . . . . » 1866.
Puech, Ferdinand . . . . . » 1861.
Py, François . . . . » 1877.
Quéré, Raoul . . . . Ang. 1865.
*Quidet, Léon . . . . Ch. 1853.
Quiri, Jean . . . . » 1858.
*Ravasse, Eugène . . . . . » 1862.
*Rauly, Jean . . . . Aix 1865.
*Rambaud, Émile . . . . . Ang. 1869.
Ravisy, Pierre . . . . . . Ch. 1855.
Raynaly, Charles . . . . . Ang. 1857.
Rameau, Victor . . . . . . Ch. 1869.
*Raffard, Nicolas . . . . . Ang. 1843.
*Ray, Théophile . . . . . . » 1854.
Rabouhan, Ferd.-Aug. . . » 1853.
Ranquet, Henri . . . . . . Aix 1869.
Raut, Grégoire-Charles . . Ang. 1872.
Raguenet, Jean . . . . . . Aix 1849.
*Rapin, Arthur . . . . Ang. 1864.
Raynal, Louis . . . . Aix 1856.
*Renaud, Paul . . . . Ang. 1834.
Renon, Henri . . . . Aix 1871.
Revenu, Alexis . . . . . . » 1871.
*Renouard, Jean . . . . . . Ang. 1860.
Réveillac, Adolphe . . . . Aix 1861.
Rémery, A. . . . . Ang. 1849.
Régnier, Ferdinand . . . . Ch. 1865.
Réess, Charles . . . . . . » 1852.
Renard, Camille . . . . . . Aix 1877.
*Renault, Théodore . . . . Ang. 1838.
Renault, Maurice . . . . . » 1877.
Rebourg . . . . Aix 1865.
Reglain, Alexandre . . . . Ang. 1871.
*Renaud, Léon . . . . Ch. 1844.
Rett, Jules . . . . » 1869.
Rebière . . . . » 1877.
*Renard, Ernest . . . . . . Ang. 1876.
Rivemale, Ernest . . . . . Aix 1874.
*Riégé, Henri . . . . Ch. 1842.
Riff, Charles-Auguste . . » 1844.
Rigoulot, Louis . . . . . . Ch. 1863.
Ringeisen . . . . » 1878.
*Richard, Étienne . . . . . Aix 1846.

Rivard, Jules . . . . Ch. 1879.
Richerolle . . . . Ang. 1868.
Rigal Jean . . . . Aix 1873.
*Robert, Alphonse . . . . . Ch. 1854.
*Rossignol, Hippolyte . . . » 1869.
Rolland, Louis . . . . . . Aix 1850.
Roglon, Léon . . . . Ang. 1864.
Roy, Alcide-Sincère . . . . » 1868.
Roustan, Bienvenu . . . . Aix 1871.
Royer, Charles . . . . . . Ch. 1869.
Rondot, Hugues-Joseph . . » 1861.
Rousset, Alfred . . . . . . Aix 1850.
*Robin, Alexis . . . . Ang. 1849.
Rogé, Xavier . . . . Ch. 1853.
Rodange, Alphonse . . . . » 1871.
Rollée . . . . » 1861.
Rondot, Jean-Baptiste . . » 1855.
Rosiès, Louis . . . . Aix 1877.
*Rousseau, Georges . . . . Ang. 1871.
Rommetin . . . . Ch.
Roublot, Joseph-Justin . . » 1857.
Royer, Charles . . . . . . » 1869.
*Rodier, Célestin . . . . . » 1850.
Roy, Edmond . . . . Ang. 1840.
Romand, Georges . . . . . Ch. 1879.
Rocanet, Paul . . . . » 1879.
Roure, Adolphe . . . . . . Aix 1859.
Robin, Louis . . . . Ang. 1870.
Royer, François . . . . . . Ch. 1845.
Rouffiac, M.-Paul . . . . . Aix 1867.
Rollet, Henri . . . . Ch. 1875.
*Roy, Joseph . . . . Aix 1863.
Rousset, Joseph . . . . . . Ch. 1850.
Rossat, Alexandre . . . . » 1842.
Rosaye, Jules . . . . » 1874.
*Ronfaut, Albert . . . . . . » 1874.
Roujeous, Amédée . . . . Ang. 1872.
Roinard, Auguste . . . . . » 1864.
Rousseau, Philippe . . . . Ch. 1872.
*Rossignol, Henri . . . . . » 1879.
Robelet, Jean . . . . Ang. 1876.
Rué, Auguste . . . . Ch. 1879.
Saballier, François . . . . Aix 1865.
*Sabroux, Charles . . . . . Ch. 1843.
Salgues . . . . Aix 1846.
Salmon . . . . Ang. 1863.
*Sabathier, Paul . . . . . . » 1859.
Saubet, Eugène . . . . . . Ch. 1841.
Salles, Paul-Léonce . . . Aix 1877.
Sangnier . . . . » 1865.

Savit . . . . Aix 1878.
*Samson, Alphonse . . . . Ch. 1851.
*Salmon, Honoré. . . . . . Ang. 1874.
*Sainte, Aman. . . . . Aix 1856.
Samie, L. . . . . Ang. 1847.
*Sauvage, Hector . . . . . Ch. 1872.
Saint-Rapt, Achille. . . . » 1868.
Savreux, Édouard . . . . » 1855.
Scelle, Louis. . . . . . . Ang. 1865.
Schabaver, François-Jg. . Ch. 1853.
Schérer, Louis . . . . . . » 1862.
Schivre, Jean-Pierre . . . « 1835.
Schmutz, Henri. . . . . . Ang. 1863.
Schon, Charles . . . . . . Ch. 1847.
Schreiber, Théodore . . . Ang. 1841.
*Schreuder, Pierre-Louis . Ch. 1815.
Séguer . . . . » 1851.
Sézary, Émile. . . . . . . » 1843.
Seigneur . . . . Ang. 1868.
*Sénéchal, Louis. . . . . . » 1847.
Servel, Étienne . . . . . Aix 1857.
Serve, Claudius. . . . . . » 1862.
*Séguier, Antonin . . . . . » 1868.
Séguin, T. . . . . Ang. 1848.
*Sévin, Cyrille. . . . . . . » 1848.
Sentenac, Damien . . . . Aix 1868.
*Seigre, Lucien . . . . . . Ch. 1865.
Sébie, Charles . . . . . . Ang. 1868.
Séguin, Paul-Auguste. . . Aix 1863.
Sicart, Antoine. . . . . . » 1860.
Sircoulon-Peugeot . . . . Ch. 1839.
Sircoulon, Charles . . . . » 1849.
Sircoulon, Paul. . . . . . » 1847.
*Sirot-Mallez, H.-Pierre . » 1854.
Simon . . . . Aix 1861.
Simon, Charles . . . . . . Ch. 1856.
*Silvan, Émile. . . . . . . Aix 1851.
*Sinson, Augustin . . . . . Ang. 1836.
Simon, Alexandre. . . . . » 1867.
*Sigoillot, Henri . . . . . Ch. 1877.
Siméon, Henri . . . . . . » 1856.
Simonet, Eugène . . . . . » 1879.
Singre, F.-Adolphe . . . . Aix 1866.
*Simon, Alexandre. . . . . Ang. 1847.
Soulier, Auguste. . . . . Aix 1855.
Souverbie, Max . . . . . . Ang. 1872.
Soux, Bernard-Sylvain . . Aix 1848.
Stauffert, Jean-Léonard. Ch. 1866.
Stéger, A. . . . .
Steib, Camille . . . . . . Ch. 1866.
*Steinbrenner, Eugène . . Ch. 1847.
Steinmetz, Henri-Th . . . » 1830.
*Stern, Charles-Louis . . . » 1859.
*Stilmant, Philippe . . . . » 1851.
*Suc, Arsène. . . . . Ang. 1852.
Sugnot, Alfred. . . . . . . » 1859.
*Suran, Joachim . . . . . . Aix 1855.
Tabary-Achez. . . . . . . Ch. 1861.
Taboulet, Jean-C.-M. . . Aix 1875.
*Tabourin, Joseph. . . . . Ch. 1877.
Tachot . . . . »
Tallec, Alexis-Ed. . . . . Ang. 1869.
Tallibart, Benjamin. . . Ch. 1864.
Teissier Nestor . . . . . . Aix 1869.
*Terme, Marie-Joseph . . . » 1866.
Terrasse, Alphonse. . . . » 1867.
Teulle, Henri. . . . . . . » 1879.
Thénon, Jean-Fançois. . . » 1852.
Thétard, Eugène. . . . . Ch. 1842.
Thévenon, Émile . . . . . » 1879.
*Thiébault, Gustave. . . . » 1868.
*Thiollier, Gustave. . . . » 1861.
Thirion . . . . Ang. 1872.
*Thirobois, Camille . . . . Ch. 1868.
Thomas, Charles . . . . . Ang. 1867.
Thomas, Augustin. . . . . » 1868.
Thomas, Jean-Baptiste . . Aix 1849.
Thomas, Alfred. . . . . . Ch. 1871.
*Thoret, Gaston. . . . . . Ang. 1877.
Thuillier, Gustave. . . . Ch. 1865.
*Tiquet, François . . . . . Aix 1850.
*Tissot, J.-J.-Eugène. . . . » 1865.
*Tissot, Jean. . . . . Ch. 1848.
*Toisoul, Louis . . . . . . » 1848.
*Tondu, Charles . . . . . . » 1878.
*Tourdot, J.-B.-Aimé . . . » 1840.
*Tourdot. . . . . Aix 1870.
Toulot, Henri . . . . . . Ch. 1874.
Tournier . . . . Aix 1874.
*Touvenaint, Alexis . . . . Ch. 1850.
*Tramblin, Eugène . . . . Ang. 1857.
Trémoulet, Denis. . . . . » 1842.
Trevert, Charles. . . . . » 1861.
Triaud, Jean . . . . » 1862.
*Trilleau. . . . . Ang. 1847.
Trinquart, Adolphe. . . . Ch. 1875.
Tritz, Paul . . . . » 1873.
*Trotabas, César-Auguste. Aix 1847.
*Trottier, Henri . . . . . Ang. 1830.
Trottier, Émile. . . . . . » 1830.

Trottier, François-J.-B. . Ang. 1824.
*Trouillet, Ernest. . . . . » 1850.
Truchot, Jules-Paul . . . Ch. 1879.
Trudon . . . . » 1868.
Tur, Auguste . . . . Ang. 1843.
Turquois . . . . Ch. 1867.
*Umber, Charles . . . . . . » 1842.
*Valadon, Henri. . . . . . » 1841.
Valat, Louis . . . . Aix 1868.
Valet, Louis . . . . Ang. 1839.
Valentin . . . . Aix 1857.
Vallancien, Arthur. . . . » 1852.
Vallée, Emmanuel-A. . . Ang. 1877.
Vallet, Lucien. . . . . . Ch. 1856.
Valentin, Raphaël . . . . Aix 1873.
*Valls, Jean. . . . . » 1868.
*Vasset, Louis. . . . . . . » 1853.
*Vaucher, Marcel . . . . . Ch. 1858.
*Vayan, A. . . . . Aix 1864.
*Vazou, Émile-Jules. . . . Ch. 1867.
Vegeas, Alphonse. . . . . Ang. 1864.
Veillet, Ferdinand. . . . Aix 1861.
*Vélut, Léopold . . . . . . Ang. 1855.
Vellutini, Michel. . . . . Aix 1867.
Venot, Émile . . . . Ch. 1868.
Verenet, Ch. . . . . » 1864.
Vernet, François. . . . . Aix 1856.
Véry, Adrien . . . . Ang. 1874.
Verrier, Paul. . . . . . . Ch. 1875.
Verdillon, Édouard . . . Aix 1878.
*Vergniajoux, Henri . . . Ang. 1852.

Verdier . . . . Ch. 1841.
Verrier, Charles . . . . . » 1854.
Veysiet, Émile . . . . . . Aix 1879.
Vial, Joseph-Victor . . . » 1867.
Vidal, Auguste . . . . . . » 1870.
Vidal, Jules. . . . . » 1853.
Vielle, Pierre-Louis . . . Ch. 1824.
Villeclère, Louis . . . . Aix 1847.
*Vigreux, Charles. . . . . Ch. 1864.
Vigreux, Charles. . . . . » 1879.
*Villette, Auguste . . . . » 1846.
Villard, Joseph. . . . . . Aix 1871.
*Vilmin, Georges. . . . . . Ch. 1876.
*Vincent, Charles . . . . . » 1837.
*Vinet, Émile . . . . Ang. 1872.
*Vinet, Édouard. . . . . . » 1874.
Violette . . . . » 1857.
Violet, Louis. . . . . . . Aix 1878.
Virat, Jean . . . . » 1876.
Vivant, Pierre-Eugène . . Ang. 1849.
Vivet . . . . Ch. 1866.
Voisot, Charles-Eugène . » 1866.
*Vuillaume, Ernest . . . . » 1875.
*Vuillaume, Nicolas . . . . » 1843.
*Vuillier, Nicolas. . . . . » 1842.
Watier, Louis . . . . » 1848.
West, Auguste-Charles. . » 1876.
Weyer, Victor-Jacques. . » 1869.
Willaume, Joseph . . . . » 1864.
*Zang, Charles. . . . . . . » 1864.
Zoffmann . . . . » 1848.

VI

COMPTES DU CENTENAIRE

Recettes [1].

Montant de l'encaisse sur la souscription volontaire.	44.425f
— les cotisations pour le banquet.	8.660
Total des recettes. . . .	53.085f

Dépenses.

1° Liancourt.

Train spécial et gratification au personnel.	2.727f 30c	
Tente pour le déjeuner.	3.500 »	
Droit de place pour la tente.	54 »	
Déjeuner : 550 couverts et frais de service.	6.334 »	
Remis à la municipalité de Liancourt	2.000 »	
— Indemnité au fermier	100 »	
Pour le *monument commémoratif à prévoir*	3.000 »	
	17.715 30	17.715f 30c

2° Paris.

Banquet de l'hôtel Continental : 500 couverts à 20 fr.	10.000 »	
Soirée artistique : Artistes.	4.000 »	
Musique de la garde républicaine. .	1.000 »	
	15.000f 00	15.000f 00
	A reporter.	32.715f 30c

1. Il reste, en outre, à recouvrer : pour la souscription volontaire. 692f
pour les cotisations du banquet. 200
892f

Report.		32.715f 30c
Éclairage électrique	500 »	
Décoration de la cour	1.000 »	
Buffet	4.000 »	
Droit des pauvres	125 25	
Cigares	500 »	
Bouquets, huissiers, et gratification au personnel, télégrammes, cartes de toasts et gardiens de la paix.	604 80	
Impression de menus, programmes, etc.	295 »	

3° FRAIS COMMUNS.

Médailles, gravures, cartes d'invitation pour Liancourt et banquet	3.578f 50c	
Frais d'impression des circulaires	780 80	
Affranchissement des circulaires, envois de reçus, correspondances, convocations de la Commission du Centenaire, etc., etc.	1.232 67	
Indemnité à M. de N.	250 »	
Gratification à l'agent et à l'employé de la Société.	1.000 »	
Disponible pour le « Livre d'Or », son expédition, l'envoi de médailles en cours, les souscriptions impayées, l'imprévu	6.309 28	
Frais de recouvrement par les banquiers	193 40	
	20.369f 70c	20.369f 70c
	Somme égale	53.085f 00

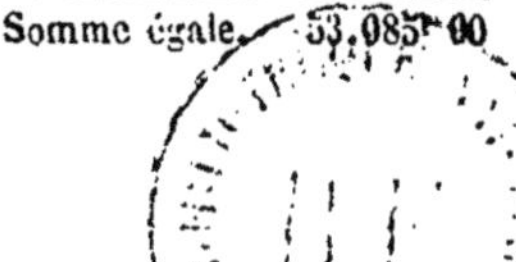

TABLE

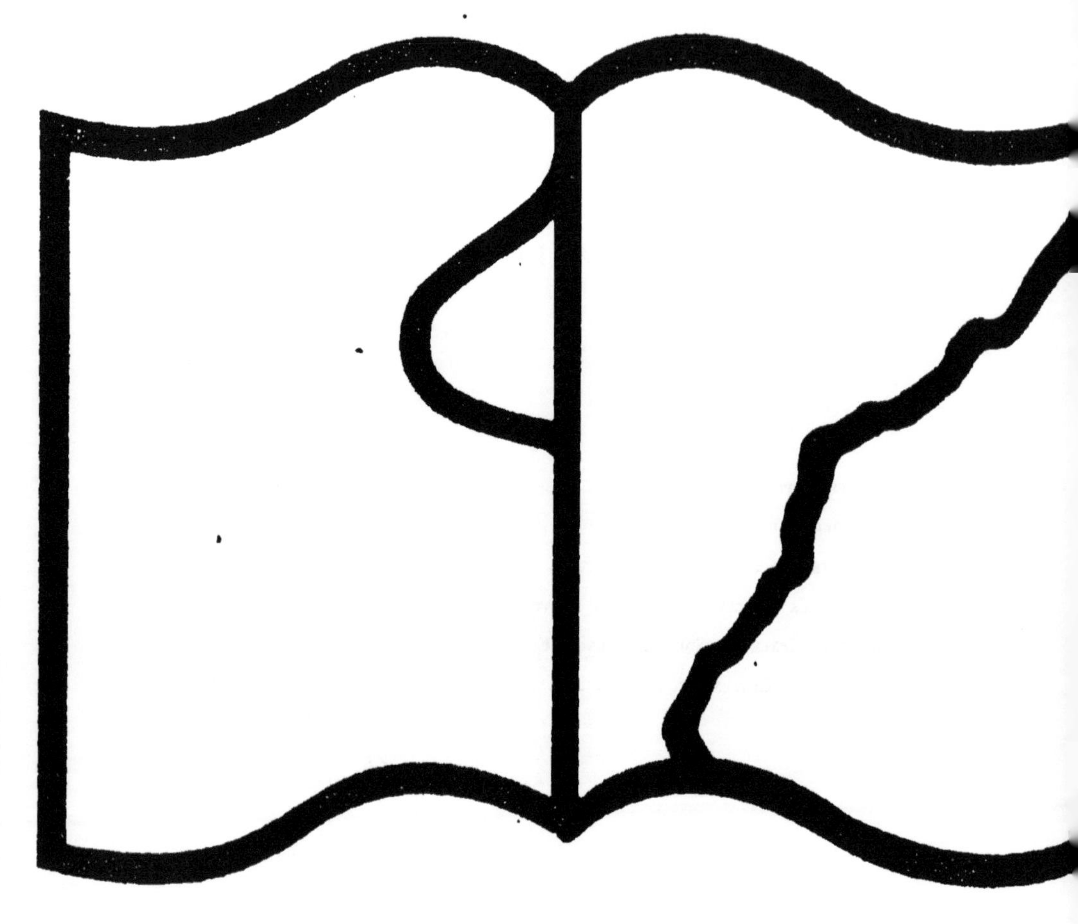

Texte détérioré — reliure défectueuse

NF Z 43-120-11

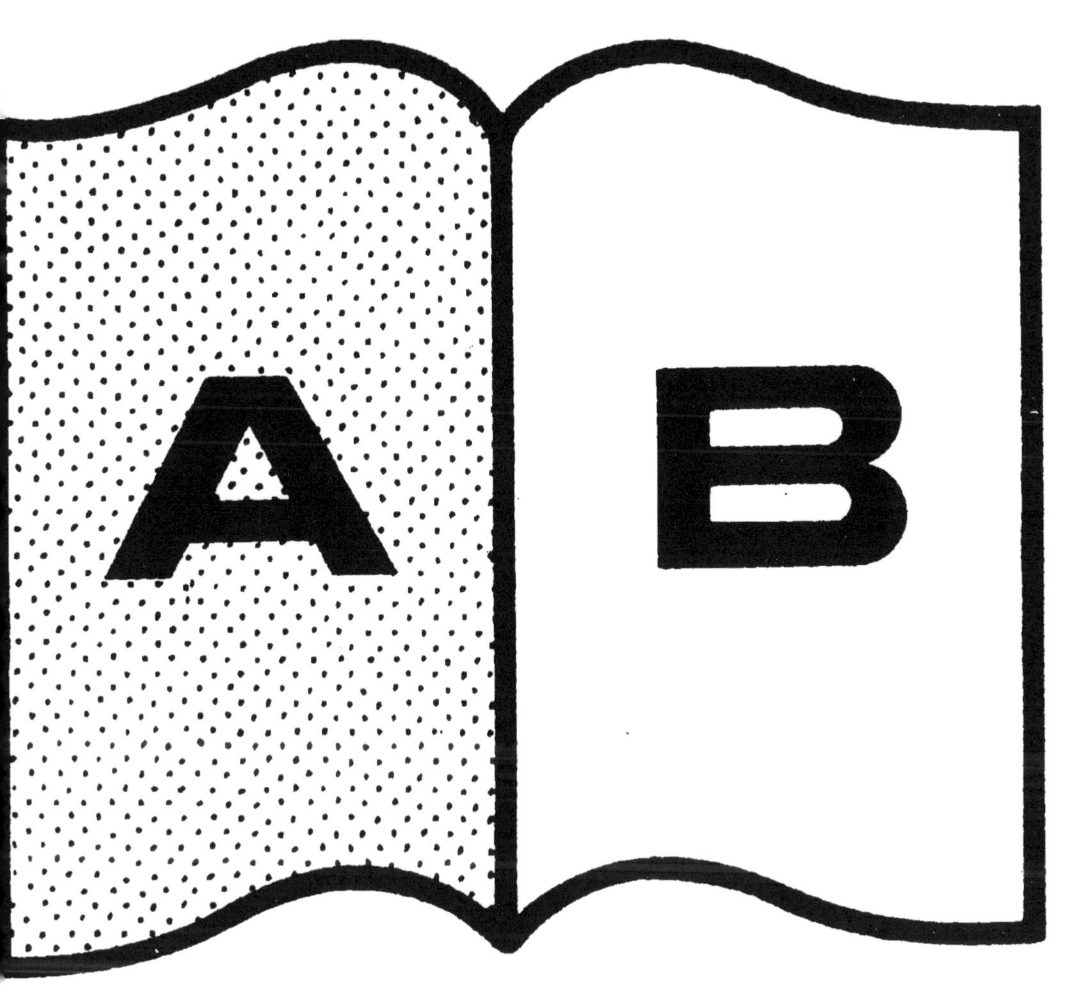

Contraste insuffisant

NF Z 43-120-14

www.ingramcontent.com/pod-product-compliance
Ingram Content Group UK Ltd.
Pitfield, Milton Keynes, MK11 3LW, UK
UKHW021055230726
13926UKWH00004B/1853

9 782016 133187